KINDER

Sprechen, Sc

Herausgegeben vom Jugendbuchlektorat
des Bibliographischen Instituts
und der Dudenredaktion

3., völlig neu bearbeitete Auflage
mit Texten von Achim Bröger

Bibliographisches Institut Mannheim/Wien/Zürich
Dudenverlag

Inhaltsverzeichnis

Was du mit deinem Kinderduden alles machen kannst

Eigentlich ist dein Kinderduden ein ganz schön praktisches Buch. Darin verstecken sich nämlich zwei Bücher. Im ersten Teil des Buches findest du eine Menge bunter Bilder, Geschichten und Wörterlisten. Im zweiten stehen mehr als zehntausend Wörter zum Nachschlagen.
Die kurzen Sachtitel im Inhaltsverzeichnis zeigen dir auf einen Blick, um was es bei den Geschichten geht.

Mit dem ersten Teil des Buches läßt sich alles mögliche anfangen. Du kannst dir zum Beispiel die Bilder auf jeder Seite **anschauen.** Wie in einem Bilderbuch spazierst du mit deinen Augen von einem Bild zum anderen. Alle diese Bilder zeigen dir, was Kinder in ihrer Umgebung so erleben und erfahren.
Zu jedem Bild gehört eine Geschichte zum **Vorlesen** oder **Selberlesen.** Mit den Kindern in den Geschichten gehst du zum Sportplatz. Dabei kommt ein Hund fast unter die Räder eines Autos. Du erlebst eine Baustelle und übst einen Zaubertrick. Ihr spielt Theater im Freien, die Kinder im Buch und du. Du bist dabei, wenn es hitzefrei gibt, und kommst in ein Gewitter.
Über viele Geschichten kannst du **nachdenken** und **sprechen,** mit deiner Familie, mit deinen Freunden, in der Schule. Manches läßt sich **nachspielen,** zum Beispiel der Fernsehstreit von Seite 16. Einige Kinder im Buch **basteln** sich selbst Musikinstrumente, andere backen Pfannkuchen. Wäre das alles nicht auch etwas für dich und deine Freunde?
Fällt dir auf, daß es nicht zu jedem Bild eine Geschichte gibt? Magst du für diese Bilder selber Geschichten **erfinden** und **aufschreiben?** Probier's mal.
Sicher hast du die Wörterliste auf jeder Doppelseite schon entdeckt. Jedes Wort in einer Liste paßt entweder zum Bild darüber oder zur Geschichte daneben oder zu beiden. Hier geht es ums **Richtigschreiben.**

Es sind nämlich auch ziemlich schwierige Wörter dabei. In den Wörterlisten werden dir außerdem viele Namen für Dinge gesagt.
Manche kennst du natürlich schon. Aber weißt du zum Beispiel auch, was ein Blütenkorb ist? Ein Korb mit Blüten ist es nicht. Am Bild vom Blütenkorb steht eine Nummer. Die findest du in der Wörterliste wieder. Und damit hast du erfahren, wie er heißt. Du kannst ihn also **benennen** und weißt, wie er geschrieben wird.
Neben all dem gibt's in deinem Kinderduden viel zu lachen und zu kichern. Dafür sorgen vor allem die Känguruhs. Die hüpfen durchs Buch, machen dumme Sprüche und stellen Fragen.
Im dicken zweiten Teil deines Kinderdudens kannst du **nachschlagen,** wenn du nicht weißt, wie ein Wort geschrieben wird. Das Wörterverzeichnis ist über und über voll mit Wörtern. Also ein richtiges Wörtersuch- und Wörterfindebuch. Weil das Suchen und Finden beim Schreiben schnell gehen muß, haben wir dir das Nachschlagen leicht gemacht. Schau dir das Wörterverzeichnis doch mal genau an. Dabei fallen dir bestimmt die lustigen Figuren auf, die von A bis Z ihre Alphabetspiele treiben. Wie gefällt dir denn der **F**uchs mit der **F**eder oder der **R**äuber mit dem **R**ettich auf **R**ollschuhen im **R**egen? Für das Wörterverzeichnis gibt es noch eine eigene Gebrauchsanweisung auf Seite 66. Du kannst eigentlich nicht mehr viel falsch schreiben, wenn du dich in deinem Kinderduden richtig auskennst.
Und nun haben wir dir genug erzählt
– jetzt bist du dran!

Dein

Meyers Jugendbuchverlag

Bis heute abend muß die Arbeit fertig sein

sich abhetzen
der Aktenordner 1
der Aktenschrank 2
die Aktentasche 3
sich anstrengen
anstrengend
die Arbeit
arbeiten
beschäftigt
besprechen
die Besprechung
blättern
das Büro
die Büroarbeit
die Büroklammer 4
endlich
erschöpft
der Feierabend
fertig
der Kugelschreiber 5
loben
müde
müssen
Notizen machen
das Notizpapier 6
prima
die Rechenmaschine 7
rechtzeitig
schaffen
die Schreibmaschine 8
der Schreibtisch 9
der Streß
das Telefon 10
der Terminkalender 11
verflixt
zufrieden

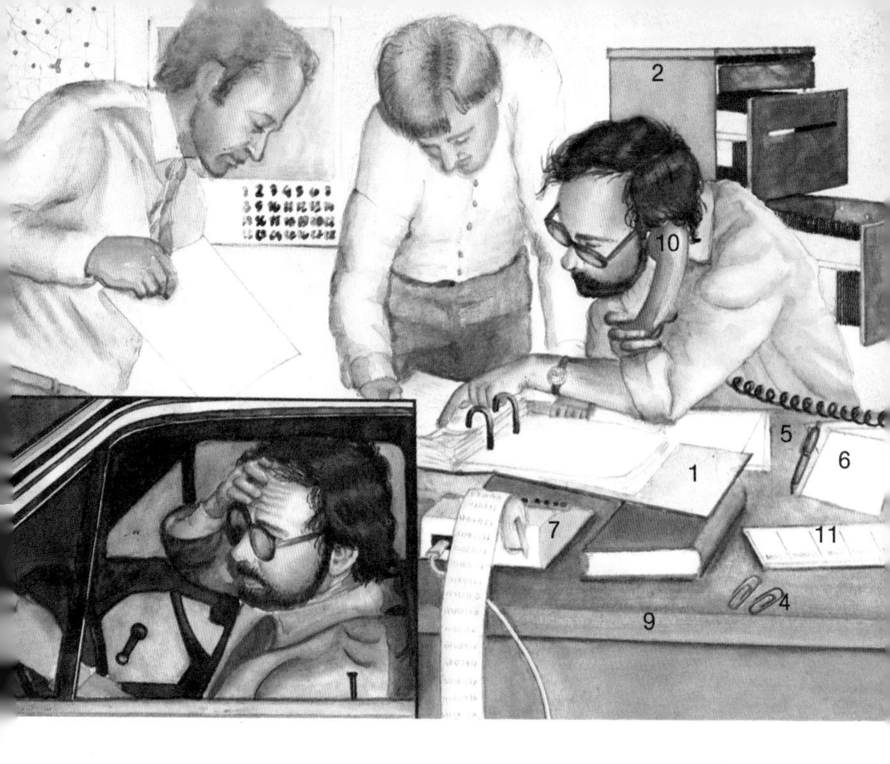

Heike und ihr Vater beeilen sich. Sie muß zur Schule, und er muß zur Arbeit. Schnell gibt Heike Vater noch einen Abschiedskuß und erinnert ihn: „Nicht vergessen. Du willst mich heute abend um sechs Uhr vom Turnen abholen.“ Vater verspricht: „Mache ich.“ Dann gehen sie beide. Mutter bleibt zu Hause. Sie kümmert sich um das Baby und arbeitet im Haushalt.
Kaum sitzt Vater am Schreibtisch im Büro, kommt sein Chef. Er bringt eine Menge eilige Arbeit. Bis heute abend soll Vater die schaffen. Vater blättert in Aktenordnern. Er liest, macht Notizen und rechnet. Um zwölf Uhr kommen zwei Kollegen zu einer Besprechung. Immer wieder klingelt das Telefon. Vater glaubt schon nicht mehr, daß er seine Arbeit rechtzeitig schaffen kann. Er arbeitet schnell. Später und später wird es. Da hat er endlich doch alles fertig. „Prima, daß es geklappt hat“, lobt ihn sein Chef. Ein bißchen freut sich Vater darüber. Aber vor allem fühlt er sich müde. Jetzt will er nach Hause fahren. Es ist schon nach halb sieben Uhr, und er sitzt im Auto. Plötzlich fällt ihm ein: Verflixt, ich habe Heike versprochen, daß ich sie um sechs Uhr abhole. Vor lauter Arbeit hat er das total vergessen.
Was sagt Heike zu ihm, wenn er nach Hause kommt? Und was sagt Vater? Spielt das doch mal.

Mein Schwein Jojo

der Acker 1
sich anfühlen
der Bauer 2
die Box 3
die Butter 4
das Euter 5
das Feld 6
fett
fressen
der Futtersilo 7
der Futtertrog 8
grunzen
hart
die Kartoffel 9
die Kette 10
die Kuh 11
mästen
melken
die Melkmaschine 12
die Milchleitung 13
der Mist 14
der Pflug 15
pflügen
quieken
schlachten
schmatzen
schnüffeln
das Schwein 16
die Schweinerei
der Stall 17
stehen
stinken
das Stroh 18
der Traktor 19
das Vieh
widerborstig

Till ist mit den Hausaufgaben fertig. Er guckt aus dem Fenster. Draußen auf dem Feld sieht er seinen Vater beim Pflügen. Till rennt hin. Aber auf dem Traktor ist es ihm doch zu kalt. „Tschüs“, sagt er und verschwindet im Stall. Erst kommt er an den Schweinen in ihren engen Boxen vorbei. Mehr als siebzig Tiere stehen so nebeneinander. Da fressen sie und fressen. Wenn sie genug gemästet wurden, schlachtet man sie. Ihr ganzes Schweineleben kommen sie nicht raus. – Früher hatten Tills Eltern auch Kühe im Stall. Aber hier auf dem Hof gibt es schon lange keine Kuh mehr. Der Nachbar hat noch welche. Till sieht oft zu, wenn sie mit der elektrischen Melkmaschine gemolken werden. – Jetzt besucht Till in der Ecke des Stalls ein besonderes Schwein: sein Schwein Jojo. Es hatte sich am Rücken verletzt. Deswegen steht Jojo nicht bei den anderen Schweinen. Aber hier ist es ja auch viel schöner als in den Boxen. Jojos Bretterverschlag hat Till mit Stroh ausgepolstert. Grunzend und schnüffelnd wird er von Jojo begrüßt. Das Tier erkennt ihn sofort. Till hat Kartoffeln mitgebracht. Die mag Jojo so gerne, wie Till Pizza mag. Er streichelt sein Schwein. Hart und widerborstig fühlt es sich an. Am liebsten würde er das Tier ja mit in die Wohnung nehmen. Leider erlauben das seine Eltern nicht. „Das gäbe ’ne schöne Schweinerei“, sagt Mutter.

Hoffentlich ziehen Kinder ein

	absperren	das	Gerüst 10
die	Absperrung 1		heben
	aufstellen	der	Lehm 11
	ausheben		mauern
der	Bagger 2	der	Maurer 12
der	Baggerführer 3		neu
der	Balken 4	der	Richtbaum 13
der	Bauarbeiter 5	die	Riesenkraft
	bauen	der	Sand 14
die	Baustelle	die	Schaufel 15
	betonieren		schaufeln
die	Betonmisch-maschine 6		schieben
das	Dach 7	die	Schubkarre 16
ein	Dach decken	der	Schutzhelm 17
der	Dachstuhl 8		schwer
	einziehen	der	Stein 18
das	Fenster 9	die	Wand 19
			zusammenfügen

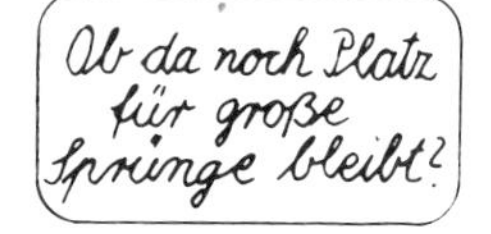

„Mensch, die machen unseren Spielplatz kaputt", ruft Susanne. Wütend rennt sie mit Heiko hin. Aber da gibt es ihre Wiese schon nicht mehr. Ein großer Bagger fährt darüber. Ihre Baumstämme zum Balancieren hat er einfach beiseite geschoben. Und ihr Buddelplatz ist auch verschwunden. Immer wieder nimmt der Bagger brummend Anlauf. Mühelos schiebt er mit seiner Riesenkraft schwere Steine und Lehm beiseite. „Den möchte ich umschubsen können", wünscht sich Susanne. Später fragen die Kinder den Baggerführer, warum er hier fährt. „Weil das eine Baustelle wird. Hier soll nämlich bald ein Haus stehen", sagt der Mann. „Hoffentlich ziehen da Kinder ein", sagt Heiko. „Das wär' ganz gut", meint Susanne. „Dann könnten wir mit denen spielen."
Bevor es soweit ist, muß einiges getan werden. Zuerst hebt der Bagger die Baugrube aus. Dann kommen die Bauarbeiter. Sie betonieren die Fundamente für den Keller. Dazu brauchen sie eine Betonmischmaschine, Schubkarren, Schaufeln, Kies, Zement und noch viel mehr. Sind die Kellerwände fertig, betoniert man die Kellerdecke. Dann werden die Hauswände gemauert. Und wenn die Zimmerleute den Dachstuhl aus Balken zusammengefügt haben, ist Richtfest. Vor lauter Richtfestfeiern darf man die Dachziegel nicht vergessen. Sonst wird's innen ein nasses Haus, jedenfalls bei Regen.

Ketchup vergessen

die Apotheke 1
aufschreiben
aussuchen
die Bäckerei 2
bekommen
bezahlen
billig
brauchen
das Brot 3
das Café 4
einkaufen
die Einkaufstasche 5
der Einkaufswagen 6
der Einkaufszettel 7
einladen
die Getränke 8
der Haushalt
kaufen
die Lebensmittel 9
die Metzgerei 10
mitkommen
das Netz 11
das Obst 12
der Preis
das Schaufenster 13
der Supermarkt 14
teuer
das Toilettenpapier 15
tragen
die Tragetasche 16
die Tüte 17
unbedingt
vergessen
vergleichen
verstauen
das Waschpulver 18

Heute ist Samstagvormittag. Da kauft Vater immer ein. Er fährt in den Supermarkt, und Lene kommt mit. Mutter hat den beiden diesmal einen besonders langen Zettel gegeben. Auf dem steht, was sie für den Haushalt braucht. Als alles ausgesucht und im Einkaufswagen verstaut ist, kauft Vater noch Mutters Lieblingskekse. Und Lene bekommt eine Tüte Gummibärchen. Gelbe, grüne und rote liegen darin. Die roten Bärchen mag ihre Schwester besonders gerne. An der Kasse des Ladens bezahlen sie. 98,40 DM kostet der Einkauf. „So teuer", staunt Vater. Danach laden sie alles in den Kofferraum. Fehlt noch was? überlegt Lene. Sie vergleicht Mutters Einkaufszettel mit dem, was sie eingekauft haben. Die Cornflakes sind da, der Reis ist da, das Mehl, der Zucker. Während sie das nachprüft, rutscht ihr beinahe die Brottüte unterm Arm raus. Sie kann sie gerade noch festhalten. „Das Ketchup haben wir vergessen", sagt Lene plötzlich. „Brauchen wir das unbedingt?" fragt Vater. „Klar", meint Lene. „Ohne Ketchup schmecken die Spaghetti und die Pommes frites nur halb so gut." Vater seufzt: „Sehe ich ja ein." Und er denkt: Jetzt habe ich das Einkaufen wirklich schon ziemlich oft geübt. Aber ich vergeß' trotzdem jedesmal etwas. Ich muß wohl noch mehr üben. Dann kann ich das bestimmt irgendwann, ohne was zu vergessen.

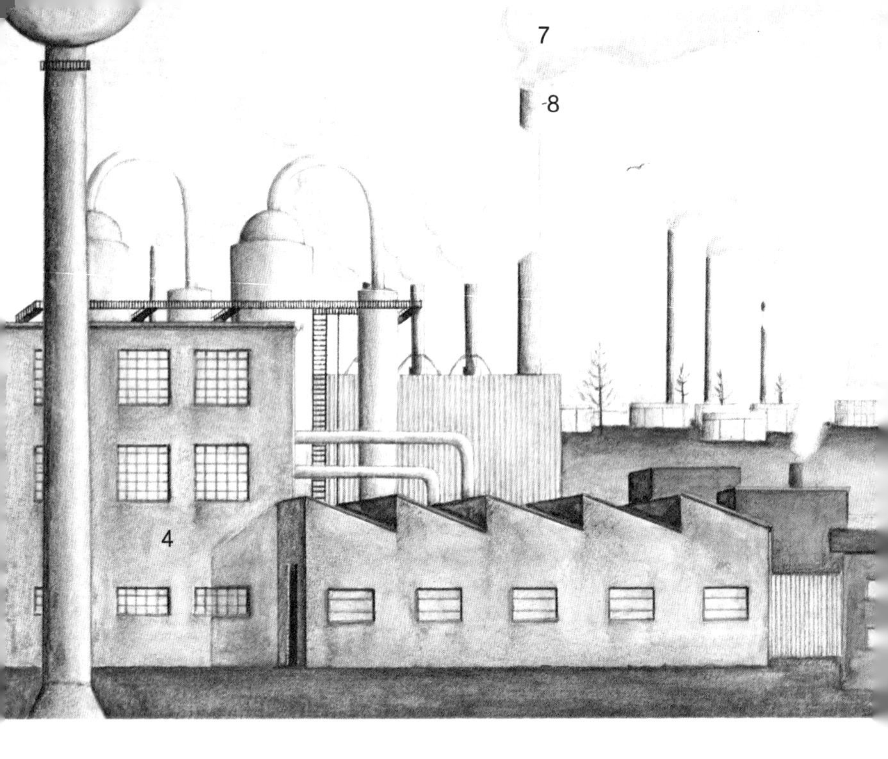

Es war nicht immer so

die	Abgase
	aufdrehen
	beinahe
	bequem
die	Blechwanne 1
das	Bügeleisen 2
	damals
der	Dampf 3
	drehen
	elektrisch
die	Fabrik 4
der	Fön 5
	fönen
	früher
	giftig
von	Hand
das	Kabel 6
	kennen
der	Lärm
die	Luft
die	Maschine
der	Qualm 7
	rubbeln
	rußig
	schmutzig
der	Schornstein 8
	selten
die	Steckdose 9
der	Stecker 10
der	Strom
	unbequem
	vergiftet
	verqualmt
das	Waschbrett 11
die	Waschmaschine 12
der	Waschzuber 13

Klaus badet. Seine Großmutter schaut ihm zu. „Eigentlich ist das toll“, sagt sie. „Man dreht am Hahn, und warmes Wasser läuft aus der Wand. Meine Mutter mußte früher das Badewasser Topf für Topf auf dem Herd heiß machen und in die große Blechwanne füllen. Den Fön zum Haaretrocknen kannten wir auch nicht. Wenn ich mir überlege, was es damals bei uns zu Hause alles nicht gab. Die elektrische Waschmaschine zum Beispiel. Ohne sie war der Waschtag viel anstrengender. Die Wäsche mußte auf dem Waschbrett gerubbelt werden. Elektroherde, Tiefkühltruhen und Fernsehapparate kannte man auch nicht. Es gab überhaupt weniger Maschinen. Autos sah man selten.“ Klaus meint: „Dann hat es bestimmt weniger Unfälle gegeben.“ Großmutter nickt und sagt: „Die Luft war damals durch die Abgase aus den Fabrikschornsteinen und Autoauspuffen auch noch nicht so verqualmt und vergiftet. Und in der Landschaft standen nicht überall Strommasten im Weg. Bequemer haben wir es heute. Aber dafür ist es teurer, gefährlicher, lauter und komplizierter als damals.“ Dann sagt Großmutter noch: „Komm jetzt aus der Wanne.“ Klaus protestiert und spritzt mit Wasser. Vor Schreck wäre Oma beinahe in die Wanne gefallen. Das hätte sicherlich ziemlich toll geplatscht. Oma ist nämlich nicht gerade die dünnste.

Schalt mal um

anfangen
Angst bekommen
anschauen
aufregend
ausschalten
die Auswahl
auswählen
der Bildschirm 1
der Cowboyfilm 2
einschalten
sich entscheiden
der Fernsehapparat 3
das Fernsehen
fernsehen
die Flimmerkiste
gähnen
die Glotze
gucken

interessant
die Kindersendung
langweilig
die Lieblingssendung 4
peng! peng!
das Plakat 5
das Programm
die Programm-zeitschrift 6
das Radiogerät 7
der Schaltknopf 8
sehen
senden
die Sendung
spannend
die Taste 9
umschalten
wehe!

Tim guckt in die Programmzeitschrift. Dabei stellt er fest, daß gerade ein Cowboyfilm angefangen hat. „Den muß ich sehen", sagt er. Schon schaltet er den Fernsehapparat an. Schnell legt Holger seinen Ball weg und kommt auch. Und Irene klappt ihr Buch zu und macht es sich mit den anderen vor dem Apparat bequem. Auf der Mattscheibe verfolgt ein Cowboy mit Pferd einen anderen Cowboy. Der zweite Cowboy ist sogar noch hinter einem dritten her. Sie schießen dicke Löcher in die Luft und in den Boden. Rüdiger bekommt Angst. Er hält seine Hände vor die Augen. „Peng! Peng!" hört er da immer noch. Eigentlich möchte Rüdiger was ganz anderes sehen. Im Zweiten Programm läuft seine Lieblingssendung. Aber er weiß, daß Tim auf keinen Fall umschalten will. Die drei Filmcowboys verfolgen sich nämlich immer noch. Sie tun das schon so lange, daß Irene gähnt. „Ich gucke mal ins andere Programm", sagt sie zu Tim. „Wehe!" sagt er. Immer muß Tim bestimmen, ärgert sich Irene. Dann fällt ihr ein, daß sie sich mit ihrer Freundin gleich draußen treffen will. Und Holger überlegt: Ich könnte Fußball spielen. Vielleicht macht Rüdiger da mit. „Umschalten", verlangt der gerade nochmal. „Kommt nicht in Frage", antwortet Tim.
Stell dir vor, du bist eines dieser Kinder. Wie würde die Geschichte bei dir weitergehen?

Kommt alle!

	au ja!	der	Luftballon 9
	aufhängen	die	Luftschlange 10
	basteln		lustig
die	Bockleiter 1		mitfeiern
das	Buntpapier 2		mögen
das	Dosenwerfen	der	Nagel 11
	einladen		pusten
	Fäden ziehen	die	Reißzwecke 12
der	Farbtopf 3		schmücken
	feiern	die	Schnur 13
das	Fest	der	Stand 14
	fröhlich	das	Straßenfest
die	Girlande 4		verteilen
der	Hammer 5		vorbereiten
	hämmern	der	Vorhang 15
die	Kasperlepuppe 6		zaubern
das	Kreppapier 7	der	Zauberstab 16
der	Lampion 8	der	Zaubertrick

„Wir müßten mal ein Straßenfest feiern", schlägt Sigrid vor. „Au ja", sagt ihre Mutter. Auch die Nachbarkinder links und rechts und deren Eltern mögen diese Idee. Damit aus der Idee ein großes Fest wird, schreiben sie Einladungskarten. Darauf steht: Wir feiern ein Straßenfest! Sonnabend, 15 Uhr. Kommt alle! Sigrid und Tim verteilen die Einladungen. Viele Nachbarn sagen gleich, daß sie mitfeiern wollen. Jetzt wird vorbereitet. Einige Kinder bauen einen Stand zum Dosenwerfen auf. Andere basteln Lampions. Schließlich soll das Fest bis in den Abend dauern. Die Erwachsenen kümmern sich um das Essen, die Getränke und die Musik. Dirk bläst Luftschlangen. Lutz pustet Ballons auf, und Sigrid möchte was vorzaubern. Sie hat ihren Zaubertrick schon fünfmal geübt. Leider verzaubert sie sich immer noch. „Zauber' uns gutes Wetter für das Fest", bittet ihre Mutter. Die alte Frau Bartels aus dem Erdgeschoß will auch mitfeiern. „Ich backe einen Pflaumenkuchen", verspricht sie. Fast alle freuen sich auf den Samstag. Nur Herr Schott aus dem zweiten Stock schafft das nicht. „So ein lautes Fest... unmöglich", schimpft er. „Ach was", sagt die alte Frau Bartels. „Ich bringe Ihnen ein Stück Pflaumenkuchen. Dann feiern Sie bittschön mit und muffeln nicht mehr." Und weil Herr Schott Pflaumenkuchen gern mag, überlegt er sich das wirklich.

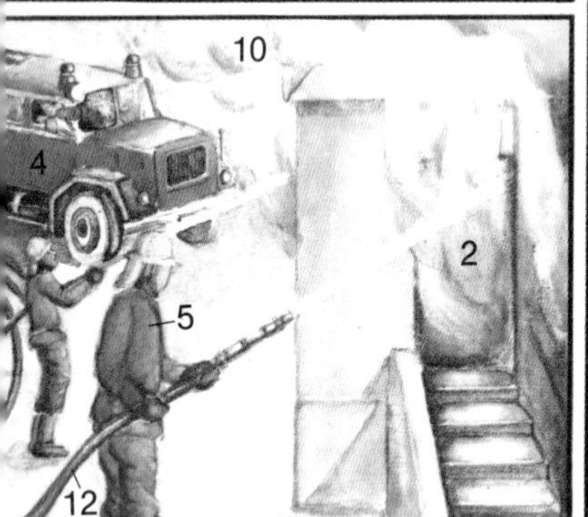

Toll sieht es aus

	anspitzen
	anzünden
die	Asche 1
	aufschichten
	aufspießen
	blau
der	Brand 2
	brennen
ein	Feuer machen
der	Feuerschein
die	Feuerstelle 3
das	Feuerwehrauto 4
der	Feuerwehr-mann 5
	flackern
die	Flamme 6
die	Glut 7
	glutrot
	hm!
das	Holz 8
die	Kerze 9
	knistern
	lichterloh
	löschen
	orange
	prasseln
der	Rauch 10
das	Reisig 11
	rot
der	Schlauch 12
der	Stock 13
die	Streichhölzer 14
	toll
	verbrennen
der	Waldbrand 15
	wärmen

Die Kinder wollen ein Feuer machen. „Ein richtig großes, prasselndes, knisterndes, gelbrotorangeblaues Feuer?“ fragt Vater. „Genau so eines“, sagt Simon. „Da kommen wir mit“, beschließen seine Eltern. Gegen Abend gehen sie alle los. „Wir dürfen das Feuer nicht zu nah am Wald anzünden“, warnt Mutter. Sie finden einen prima Platz. Hier haben auch schon andere Feuer gemacht. Man sieht das an den großen Steinen und den Ascheresten. „Die Steine legen wir als Umrandung um die Feuerstelle“, schlägt Vater vor. Jetzt suchen sie Reisig und viel trockene Äste. Etwas davon schichten sie über zusammengeknülltes Papier. Dann zündet Simon das Papier an. Schon lecken die Flammen am Reisig. Bald brennen auch die Äste. Schließlich haben sie ihr richtig großes, prasselndes, knisterndes, gelbrotorangeblaues Feuer. Lichterloh und flackernd brennt es. Funken fliegen. Toll sieht es aus, und das Feuer wärmt schön. Sie holen sich Stöcke und spitzen sie an. Daran spießen sie ihre Würstchen auf. Heiners gelbes Würstchen ist gar keines. Er will ausprobieren, wie Banane gebraten schmeckt. Eng rücken sie zusammen. „Um so ein Feuer könnte ich es eine ganze Nacht aushalten“, sagt Mutter. Endlich sind ihre Würstchen fertig. „Hm, die schmecken“, hört man um's Feuer. – Was für Geschichten fallen dir zu den Bildern auf der linken Seite ein?

Ein irrer Verkehr

das Auto
(der Oldtimer) 1
brausen
die Diesellokomotive 2
das Düsenflugzeug 3
einsteigen
der Eisenbahnwagen 4
fahren
das Fahrrad 5
Fahrrad fahren
fliegen
flitzen
der Freiballon 6
das Gehupe
das Getöse
gleiten
die Gondel 7
knattern

langsam
das Laufrad 8
lenken
das Lenkrad 9
das Luftschiff
(der Zeppelin) 10
das Motorrad 11
das Pferd 12
die Rakete 13
reiten
rollen
schnell
schweben
segeln
das Segelschiff 14
die Seifenkiste 15
starten
die Startrampe 16

Andreas hat sich eine Seifenkiste gebastelt. Zur Probe setzt er sich hinein. Und als er so drinsitzt, stellt er sich vor, daß er wegfährt. Natürlich kommt seine Freundin Nina mit. „Mein Auto kann sogar fliegen", sagt er. „Ehrlich?" fragt Nina. Da fliegen sie einfach los. Aber wo sind sie denn hier hingeraten? Die beiden sehen ein Holzfahrrad ohne Pedale. So was gab's früher mal. In der Gondel eines großen Ballons stehen zwei Leute. „Los, wir fliegen hin", sagt Nina. Das schwebende Kugelding will sie sich ansehen. Vielleicht darf sie ja auch mal auf dem Pferd da am Wasser reiten. Ein Schiff mit geblähten Segeln kommt näher. Und was rollt hier mit Getöse und Gehupe an? „Sieht aus wie das Auto meines Urgroßvaters", sagt Andreas. Jetzt fahren ein Zug und ein knatterndes Motorrad vorbei. „Schneller!" ruft Nina. „Das Stinkeding überholen wir!" So schnell er kann, braust Andreas weiter. Er muß den Zeppelin warnen. Wie eine dicke Zigarre fliegt der auf das Raketengelände zu. Dort wird gerade eine Rakete gezündet. Außerdem kommt ein Düsenflugzeug gefährlich nahe heran. „Ein irrer Verkehr", sagt Nina. Sie schaffen es gerade noch, Flugzeug, Zeppelin und Rakete aneinander vorbei zu lenken. Plötzlich hören sie ein Klingeln. Stefan kommt auf seinem Fahrrad dahergeradelt. „Ich will mit", ruft er. „Steig ein", sagt Nina.

Nicht nur Spaß

	aussehen
die	Backen 1
die	Barthaare 2
die	Federn 3
das	Fell 4
das	Futter 5
	füttern
die	Gitterstäbe 6
der	Hamster 7
	hocken
der	Käfig 8
das	Kaninchen 9
	knabbern
die	Kralle 10
	lebendig
das	Meerschweinchen 11
	nagen
der	Name
	pflegen
die	Pfote 12
sich	putzen
	rumoren
	sauber
die	Schildkröte 13
der	Schnabel 14
die	Schnauze 15
	schnuppern
	Spaß machen
	streicheln
	wegfliegen
	weglaufen
	weich
der	Wellensittich 16
	zahm
	zutraulich

Timos Freunde sind gekommen. Jeder hat sein Haustier mitgebracht. Vorsichtig streichelt Ulrike das weiche Fell ihres Hamsters. Dann gibt sie ihm eine Mohrrübe. Meistens lebt der Hamster ja in seinem Käfig. Aber heute hat er Ausgang. Richtig lebendig wird er allerdings erst am Abend. Manchmal rumort er dann so, daß Ulrike kaum einschlafen kann. Isabell hat ihr Meerschweinchen mit. „Meerschweinchen ist kein guter Name dafür", fällt Timo ein. Wie ein Schweinchen sieht das zahme, saubere Tier nämlich nicht aus. „Laufen eure Tiere auch immer weg?" fragt Klaus. Weglaufen ist der Lieblingssport seiner Schildkröte. Olivers Wellensittich kann höchstens wegfliegen. Außerdem kann er ein paar Wörter sprechen. Das hat ihm Oliver mühsam beigebracht. „Doofkopp" war das erste Wort.
So ein Haustier macht nicht nur Spaß, sondern auch Arbeit. Ein Vogel braucht zum Beispiel immer wieder Futter und Wasser. Außerdem muß sein Käfig gesäubert werden. Sonst fühlt sich der Vogel nicht wohl. Gestern hat Oliver das Säubern vergessen. Deswegen macht er das jetzt. In der Zwischenzeit hockt sein Vogel auf den Gitterstäben des Käfigs. Er guckt sich um. Es gefällt ihm da draußen.
In der Geschichte fehlt ein Haustier, das du auf dem Bild siehst. Weißt du welches?

Vergiß die Mütze nicht!

	angenehm	die	Kapuze 10
	angezogen		klemmen
sich	anziehen	die	Kniebundhose 11
der	Arbeitsanzug 1		leicht
	aufsetzen	der	Mantel 12
	ausziehen		Mistding!
die	Badehose 2	die	Mütze 13
das	Ballkleid 3		nützlich
	barfuß	der	Pelzkragen 14
	draußen	der	Pullover 15
	drinnen	der	Raumanzug 16
	elegant	der	Reißverschluß 17
die	Gummistiefel 4	der	Schal 18
die	Handschuhe 5	die	Schürze 19
die	Hausschuhe 6		sportlich
die	Hose 7	die	Stiefel 20
der	Hut 8		unpassend
die	Jacke 9		zuziehen

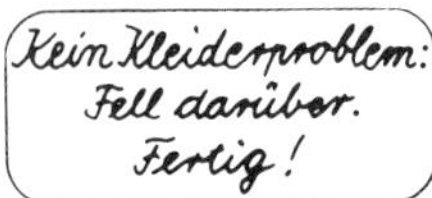

Katharina ist spät dran. In zehn Minuten beginnt die Schule. Warm angezogen wartet ihre Schwester Anna in der Tür auf sie. „Beeil dich“, drängelt sie. Dann sagt sie noch: „Mensch, ist das heute kalt draußen.“ Das hat Katharina auch schon gemerkt. Schließlich läßt Anna die ganze Zeit die Haustür offen. „Ich komm’ gleich“, sagt Katharina. Sie muß nur noch den Reißverschluß am Stiefel zuziehen. Da merkt sie, daß das Ding klemmt. Das hat ihr gerade noch gefehlt. Katharina zieht und zieht am Reißverschluß. Aber der rührt sich nicht. „Mistding!“ schimpft sie. Anna steht auch nur da. Sie könnte ihr ruhig helfen. „Vergiß die Mütze nicht!“ ruft Mutter. Und Katharina fällt ein, daß ihr Zeichenblock in der Küche liegt. Außerdem funktioniert der Reißverschluß immer noch nicht. Sie könnte... oh... richtig blöd fängt der Tag wieder an. Am liebsten würde sie barfuß losrennen. Aber bei dem Wetter wäre das wohl doch keine gute Idee. Nur schneller ginge es. Noch einmal reißt Katharina am Reißverschluß. Wenn es jetzt nicht klappt, ziehe ich halt meine Gummistiefel an, nimmt sie sich vor. Da ist der Reißverschluß zu. Na endlich! Geschafft! Schnell in den Mantel geschlüpft. Dieses dicke schwere Ding, in dem sie sich kaum bewegen kann. Und jetzt nichts wie los!
Schau dir mal die Leute auf der anderen Seite an. Da stimmt doch was nicht.

Alles dran an Julchen

	abrubbeln
	abtrocknen
	alles
der	Arm 1
das	Auge 2
der	Bauch 3
das	Bein 4
die	Brust 5
	fast
der	Finger 6
	fühlen
der	Fuß 7
das	Gesicht 8
	glatt
das	Haar 9
der	Hals 10
die	Hand 11
die	Haut
	kichern
	kitzeln
das	Knie 12
der	Kopf 13
	kreischen
der	Mund 14
die	Nase 15
das	Ohr 16
der	Penis 17
der	Po 18
	riechen
	rosig
die	Scheide 19
	staunen
	strampeln
	warm
	winzig
die	Zehe 20

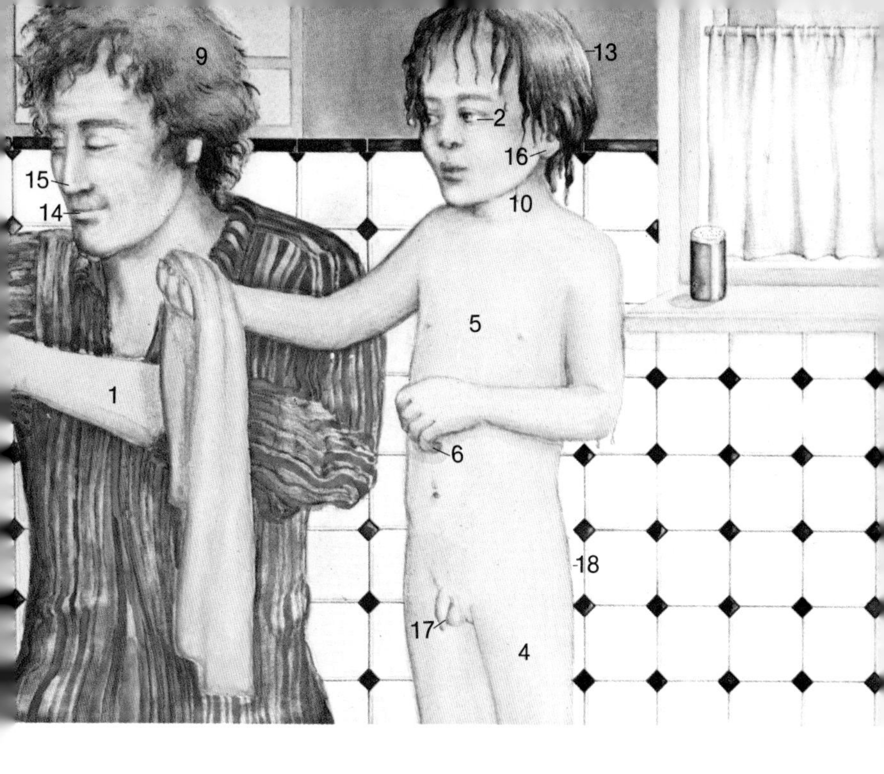

„Julchen muß gebadet werden", sagt Mutter. Dazu kommt immer die ganze Familie ins Badezimmer. Klar, daß Julchen wieder mit jeder Menge Wasser um sich spritzt. Die anderen sind fast so naß wie sie. Weil er schon naß ist, steigt Daniel gleich mit in die Wanne.
Nach dem Baden fühlt sich Julchen jetzt warm und kuschlig an. Außerdem riecht sie richtig gut. Mutter hält sie fest im Arm. Am liebsten möchte sie Julchen gar nicht loslassen. Aber Vater sagt: „Gib sie mir auch mal." Daniel guckt zu und hält das Handtuch. „Trocknet sie ab. Sonst friert sie noch", sagt er. Und er denkt: Vor lauter Julchen haben die mich schon ganz vergessen.
Von Kopf bis Fuß wird seine Schwester abgerubbelt. Zuerst sind die Haare und das Gesicht dran, dann die Ohren. Das kitzelt, und sie kichert. Auch der Hals, die Brust und die Arme werden nicht vergessen. Als Mutter den Bauch trockenreibt, kreischt und strampelt Julchen. „Unten ist sie auch ganz naß", sagt Mutter. Vater trocknet ihr den Po, die Beine und Füße ab. „So ein kleines Mädchen. Aber an ihm ist wirklich schon alles dran", staunt Mutter. „An mir auch", meint Daniel und guckt sich im Spiegel an. „Stimmt", sagt Vater. Er nimmt Daniel in den Arm. Und deswegen ist Vater jetzt patschnaß. Daniel hat sich nämlich noch nicht abgetrocknet.

Wie geht's dir?

der	Arzt 1
	besser
der	Besuch
	besuchen
das	Bett 2
	blaß
	blöd
der	Bruch
	eingipsen
	erschrecken
das	Fieberthermometer 3
zum	Glück
das	Heftpflaster 4
das	Krankenhaus
die	Krankenschwester 5
das	Krankenzimmer 6
	liegen
der	Nachttisch 7
	Quatsch machen
die	Salbe 8
die	Schlinge 9
der	Schmerz
	schmerzen
das	Spielzimmer 10
die	Spritze 11
die	Tablette 12
	tapfer
der	Teddy 13
	traurig
	trösten
der	Verband 14
	verbinden
das	Wasserglas 15
	weh tun

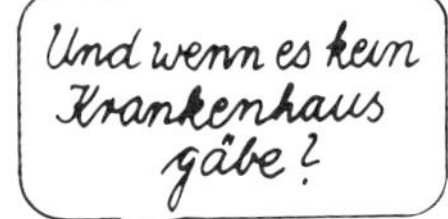

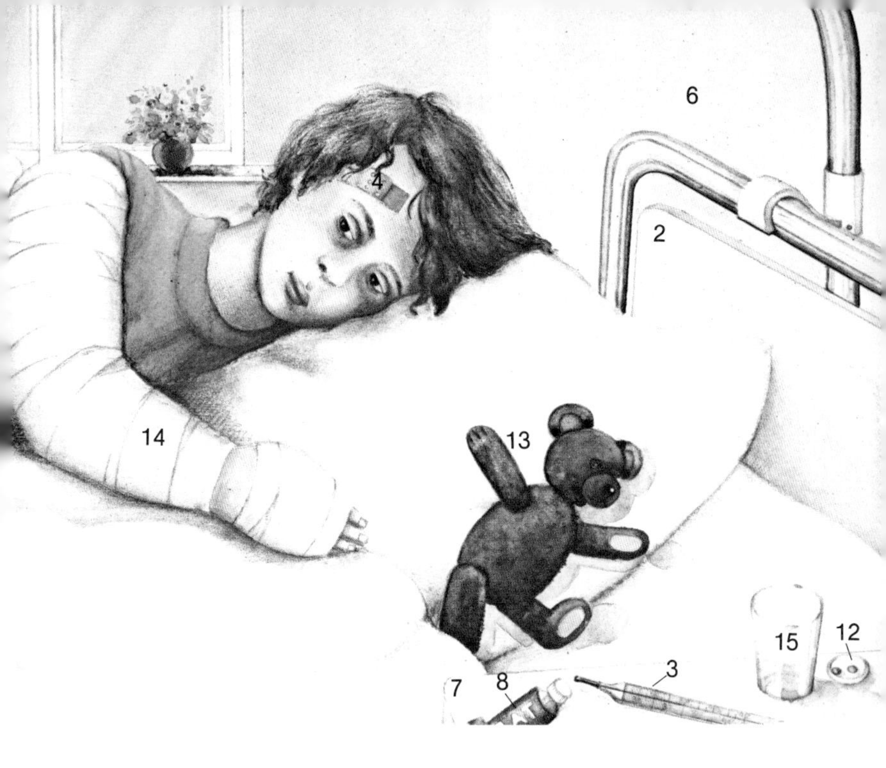

Claudia hat sich den Arm gebrochen. „Ein komplizierter Bruch“, stellt der Arzt im Krankenhaus fest. „Du mußt erst mal bei uns bleiben.“ Claudia sagt gar nichts. Ihr Arm tut weh. Außerdem hat sie einen riesigen Schreck. Ich muß im Krankenhaus bleiben, denkt sie immer wieder. Ihre Mutter holt gleich den Teddy von zu Hause. Der tröstet Claudia ein bißchen. – Jetzt liegt sie schon einige Tage im Krankenhaus. Ihr Arm wurde eingegipst. Unter dem Gipsverband juckt es ganz blöd. Claudia ist froh, daß in ihrem Zimmer noch zwei Kinder liegen. Mit denen macht sie Quatsch. Aber nicht viel. Mit einem Arm geht das Quatschmachen nämlich nur schlecht. Manchmal hören sie Radio oder reden miteinander. Wenn Claudia so daliegt, denkt sie oft an zu Hause. Dann freut sie sich riesig auf's Daheimsein. Sogar auf die Schule freut sie sich hier. Und das passiert ihr sonst nur selten. Zum Glück kommen Claudias Eltern und ihr Bruder jeden Tag. Heute muß sie ihnen unbedingt erzählen, daß sie ins Spielzimmer durfte. Dort waren auch andere Kinder, eine Krankenschwester und ein Arzt. Sie haben gespielt und Bücher angeguckt. Wo bleiben die Eltern und der Bruder nur, überlegt Claudia. Da wird die Tür geöffnet. Ihre Mutter kommt herein und ihr Bruder. „Hallo, Claudia, wie geht's dir?“ fragt Mutter. „Besser“, sagt Claudia. Dann erzählt sie, was hier heute alles los war.

Heute gibt es Pfannkuchen

backen
braten
das Ei 1
Eier aufschlagen
die Eierschale
essen
das Fett 2
futtern
die Gabel 3
guten Appetit!
der Herd 4
hungrig
der Kochlöffel 5
die Küche
der Küchentisch 6
lecker
am liebsten
der Löffel 7

machen
das Mehl 8
das Messer 9
naschen
die Pfanne 10
der Pfannkuchen 11
die Portion
der Rezeptblock 12
rühren
die Rührschüssel 13
das Salz 14
satt
schmecken
die Tasse 15
der Teig 16
der Topflappen 17
verrühren
die Zutaten

Heiße Sache so ein Pfannkuchen!

11

Peter kommt hungrig nach Hause. „Heute abend möchte ich Pfannkuchen essen“, wünscht er sich. „Am liebsten mag ich sie mit braunem Zucker.“ Vater sagt: „Pfannkuchen sind eine prima Idee... aber mit grünem Salat.“ Und Sabine möchte Apfelkompott dazu. Auch Mutter findet, daß Pfannkuchen lecker wären und sagt: „Das können wir alles machen. Kommt mal mit in die Küche.“ Dort arbeitet dann die ganze Familie. Vom Rezeptblock liest Sabine vor, was man zum Pfannkuchenbacken braucht. Mutter schlägt Eier in die Rührschüssel. Peter rührt die Zutaten zu einem Teig. Vater hat die Schürze umgebunden. Er steht als Pfannkuchenbäcker am Herd. „Wir brauchen noch mehr Teig“, sagt er zu Peter. Der rührt weiter, als wollte er Pfannkuchenrührmeister werden. Da entdeckt er in der Schüssel ein Stück Eierschale. Er fragt Mutter: „Soll ich's drin liegen lassen? Dann haben wir Eierschalenpfannkuchen.“ – Es dauert nicht lange, bis Vater genug Pfannkuchen gebacken hat. Sie essen gleich in der Küche. Zu den Pfannkuchen gibt es Salat, braunen Zucker und Apfelkompott. „Hat Spaß gemacht“, meint Peter. Sabine sagt nichts. Ihr Mund ist zu voll. Sie futtert gerade ihren dritten Pfannkuchen. Dabei schielt sie schon auf den vierten. Das ist der letzte. Den möchte sie unbedingt haben. Aber bestimmt will Peter den auch.

Wir verstehen uns trotzdem

	ähnlich
	alt
das	Alter
	anders
	ansprechen
das	Ausland
	ausländisch
	denken
	dick
	dünn
	erklären
sich	erkundigen
die	Frage
	fragen
	fremd
die	Fremdsprache
	gesund
	groß

die	Hautfarbe
	hoffentlich
	jung
der	Junge
sich	kennenlernen
	klein
	krank
	lächeln
das	Mädchen
der	Mensch
	sprechen
	übersetzen
	unverständlich
	verschieden sein
sich	verständigen
	verstehen
	vorbeigehen
das	Wort

Moritz und seine Eltern kommen an ihrem Ferienziel in Italien an. „Wir sind hier im Ausland", sagt Mutter, als sie aus dem Zug steigen. Die Eltern erkundigen sich bei der Information, wie sie zum Hotel finden. Jetzt fühlt sich Moritz einen Augenblick allein in der Bahnhofshalle zwischen den fremden Menschen. Er hört Wörter, die er nicht versteht. Ein Mädchen geht mit seinem Vater an ihm vorbei. Die zwei haben schwarze Hautfarbe. Auch sie machen hier Urlaub. Da kommen dicke, dünne, große, kleine, alte und junge Menschen. Plötzlich steht ein Mädchen vor Moritz. Hoffentlich sagt sie nichts, denkt er. Ich versteh' sie ja sowieso nicht. Das Mädchen sagt kein Wort, es lächelt. Und das versteht Moritz. Dann hüpft es von einer Steinplatte im Boden zur anderen. Auch das versteht Moritz und macht mit. Schade, daß seine Eltern jetzt schon wiederkommen.

Die Bilder auf der linken Seite zeigen dir verschiedene Menschen. Eigentlich könntest du sie kennenlernen. Du brauchst nur ein bißchen Phantasie dazu. Stell dir vor, sie würden dich besuchen. Oder du besuchst sie. Was erzählen sie dir, was erzählst du ihnen? Was denken sie über dich, und was denkst du über sie? Wie fühlen sie? Was erleben sie? Was weißt du von ihnen?

Mit Gartenschlauch und Eierschneider

das Akkordeon 1
blasen
die Flöte 2
fürchterlich
die Gitarre 3
das Instrument
das Klavier 4
klingen
laut
leise
Musik machen
musizieren
die Note 5
pfeifen
rasseln
die Saite 6
das Schellen-tamburin 7

singen
der Takt
die Taste 8
der Triangel 9
die Trompete 10
üben
zupfen

zum Instrumentenbau brauchst du:
einen Blumentopf 11
einen Eierschneider 12
eine Flasche 13
einen Gartenschlauch 14
einen Kochlöffel 15
eine Konservendose 16
viele Kronenkorken 17
ein Nudelholz 18
viele Papprollen 19
eine Tülle 20

„Wir machen Musik", schlägt Birgit vor. „Womit denn?" will Michel wissen. Sie haben nämlich keine Instrumente. Birgit sagt: „Basteln wir welche." Das tun sie dann auch. Und jetzt ist ihr Orchester fertig. Den Takt klopft Michel mit einem Kochlöffel sehr laut auf dem Nudelholz seiner Großmutter. Aus dem Gartenschlauch und der Tülle einer Gießkanne wurde Werners Trompete. Als er reinbläst, klingt sie ganz fürchterlich toll. Birgit hat sich ein Schellentamburin gebastelt. Die Schellen waren vorher mal Kronenkorken. Sie rasseln richtig schön. Dazu singt Birgit so laut, daß sich Thomas vor Schreck auf der Eierschneider-Mini-Gitarre verzupft. Pedro und sein Schlagzeug dürfen auch nicht fehlen. Das hat er sich aus Konservendosen, Flaschen und Papprollen gebaut. Den Kindern macht die Musik auf ihren selbstgebastelten Instrumenten Spaß. Ohne viel zu üben, können sie prima spielen.
Auch die drei Kinder auf dem linken Bild musizieren miteinander. Dafür mußten sie aber lange üben. Manchmal haben sie über das Üben ziemlich geschimpft. Jetzt spielen sie gut zusammen. Das macht ihnen Spaß, und es klingt richtig schön.

Kannst du den Klang der Instrumente nachmachen? Oder schaffst du es, ihn zu beschreiben?

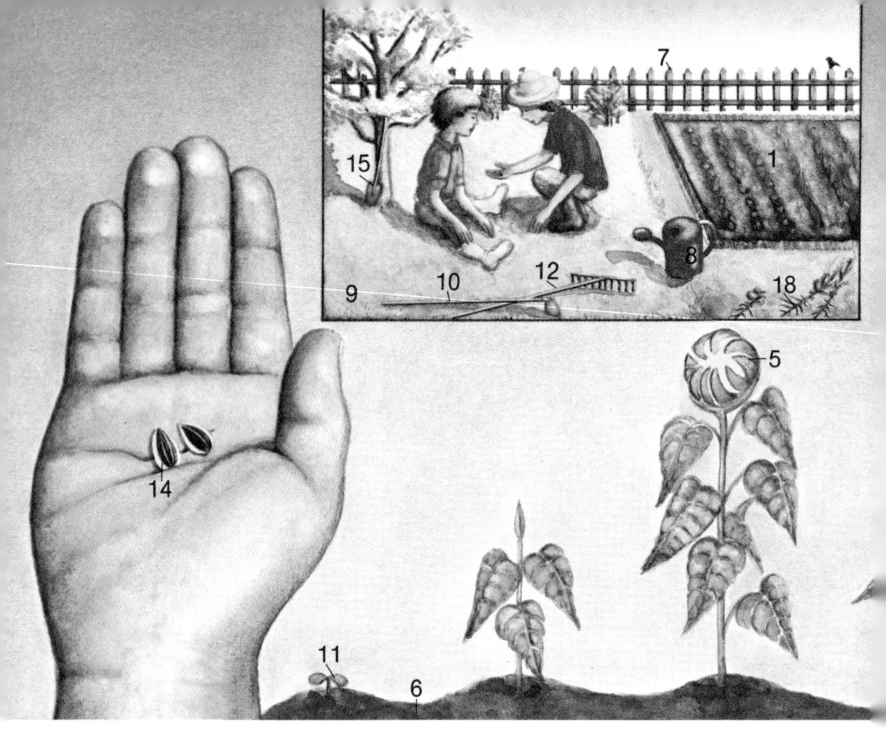

Olafs Riesenblume

das Beet 1
das Blatt 2
die Blüte 3
das Blütenblatt 4
der Blütenkorb 5
der Boden
düngen
die Erde 6
der Frühling
der Gartenzaun 7
gelb
gießen
die Gießkanne 8
das Gras 9
groß werden
grün
gut riechen
die Hacke 10
hacken
das Keimblatt 11
keimen
nützen
pflanzen
rauh
der Rechen 12
säen
Salat setzen
die Sonnenblume 13
der Sonnenblumenkern 14
der Spaten 15
der Stengel 16
der Stiel 17
umgraben
wachsen
die Wurzel 18

In den Gärten sieht es aus, als wären die Nachbarn vom Winterschlaf aufgewacht. Eifrig graben sie um. Herr Wormer düngt gerade den Boden. Er möchte, daß bei ihm viel wächst. Frau Raether setzt Salat, und Olafs Mutter sät Kresse. Olaf guckt ihnen zu. Er kann den Frühling richtig riechen. Und er spürt seine Wärme.
Olaf will auch was pflanzen. Sein Freund hilft ihm dabei. Der hat nämlich Sonnenblumenkerne vom Vogelfutter aufgehoben. Olaf drückt so einen Kern ein Stückchen in die Erde. Sein Freund gießt diesen Samen. Ein paar Tage später schieben sich schon grüne Keime aus dem Boden. Die wachsen... und wie. Bald ist daraus eine Pflanze mit Stengel und Blättern geworden. Komisch rauh fassen sich die Blätter an, stellt Olaf fest. Wenn es länger nicht regnet, gießt Olaf seine Sonnenblume. „Der kann man ja fast beim Wachsen zusehen“, sagt Mutter. Schließlich überragt die Blume sogar die Eltern. Und im Sommer ist aus dem kleinen Sonnenblumenkern eine hohe Riesenblume geworden. Ganz genau mißt Olaf sie. 3,12 Meter zeigt der Zollstock. So groß möchte ich auch werden, denkt Olaf. Dann könnte ich auf meine Eltern runtergucken. Das wäre toll. Ob ich mich gießen und düngen sollte, überlegt er. Den Pflanzen nützt das was. Vielleicht nützt es mir auch was? Probieren könnte ich es ja mal.

Brief an Oma

ab damit!
abschicken
absenden
der Absender 1
die Adresse 2
die Antwort
antworten
aufreißen
austragen
der Brief 3
der Briefbogen 4
Briefe schreiben
der Briefkasten 5
die Briefmarke 6
der Briefträger 7
der Briefumschlag 8
einwerfen
empfangen
der Empfänger
erfahren
sich freuen
das Päckchen 9
das Paket 10
die Post
das Posthorn 11
die Postleitzahl 12
senden
das Telefonbuch 13
der Telefonhörer 14
telefonieren
die Telefonnummer
die Telefonzelle 15
verbinden
die Verbindung
weit weg
zukleben

Christianes Mutter will mal ein paar Tage zu einer Freundin fahren. Deswegen schreibt Christiane ihrer Oma. In dem Brief fragt sie: Kannst du hier sein, wenn Mama weg ist? Hoffentlich kommt Oma, denkt sie. Es macht Christiane Spaß, mit Oma zusammen zu sein. Sie ist nämlich gar nicht streng. Außerdem liest sie ganz toll vor. Und Apfelstrudel backt sie so gut, daß Christiane das Wasser im Mund zusammenläuft. Auch Papa freut sich, wenn Oma kommt.
Auf den Briefumschlag schreibt Christiane jetzt Omas Adresse und ihren Absender. Die Briefmarke darf sie nicht vergessen. Dann wird der Brief zugeklebt. Jetzt ab in den Briefkasten damit. Einen Tag später steckt der Briefträger Christianes Brief in Omas Briefkasten. Oma freut sich riesig über diese Post. Auf alle Fälle will sie zu Christiane fahren. Sie muß nur überlegen, wann das bei ihr klappt. Während der Woche arbeitet Oma nämlich. Am übernächsten Wochenende hätte sie Zeit, fällt ihr ein. Und Lust hat sie sowieso. Christiane soll das schnell erfahren. Deswegen geht Oma zur Telefonzelle. Christianes Telefonnummer kennt sie auswendig. Wo hat sie nur wieder das Kleingeld zum Telefonieren? Ach, da ist es ja. Jetzt wählt sie. Gleich wird sie mit Christiane sprechen. Eigentlich toll. Immerhin liegen zwischen ihrem Mund und Christianes Ohr fast zweihundert Kilometer.

Wie wird es sein?

abschreiben
ängstlich
aufgeregt
der Bleistift 1
doof
das Federmäppchen 2
der Filzstift 3
freundlich
gefallen
die Hausaufgaben
die Klasse
kleben
der Klebstoff 4
die Lehrerin
lernen
lesen
das Lexikon 5
das Lineal 6

malen
nachschlagen
neugierig
der Pinsel 7
der Radiergummi 8
das Rechenheft 9
rechnen
die Schere 10
schreiben
das Schreibheft 11
der Schüler 12
die Schülerin 13
der Schulranzen 14
die Schultüte 15
die Tafel 16
die Wachsmalkreide 17
die Wasserfarben 18
wissen wollen

Schon seit Tagen ist Franziska aufgeregt. Schule, ich komme bald zur Schule. Wie wird's da sein? überlegt sie. „Schule ist doof", sagt Franziskas großer Bruder. Als sie das hört, hat Franziska Angst vor der Schule. „Mir gefällt's in der Schule", erzählt Franziskas Freundin. Als sie das hört, freut sie sich auf die Schule. Immer näher kommt ihr erster Schultag. Schließlich ist er da. Vater hat sich extra von der Arbeit freigenommen. Zu viert gehen sie morgens los. Mutter, Vater, Franziska und die große Schultüte. In der Klasse warten viele Kinder und dazu vor allem Mütter. Einige Kinder kennt Franziska aus dem Kindergarten. Sie setzt sich zu ihnen. Alle sind genauso aufgeregt und ängstlich wie Franziska. Wo ist denn die Lehrerin, überlegt sie und kramt in ihrer großen roten Schultüte. Darin steckt die Lehrerin aber bestimmt nicht. Süßigkeiten findet sie, ein Lineal, eine Schere, Hefte, Filzstifte und noch viel mehr. „Das wirst du alles brauchen können", sagt Vater. Dann kommt die Lehrerin endlich. Eigentlich sieht sie ganz freundlich aus, denkt Franziska erleichtert. – Ein paar Wochen später sitzt Franziska an ihrem Schreibtisch. Sie macht Hausaufgaben. Jetzt kann sie gebrauchen, was sie in ihrer Schultüte gefunden hat. Nur schade, daß keine Hausaufgaben-Mach-Maschine dabei war, denkt sie. So ein Ding müßte auch in der Schultüte liegen. Unbedingt sogar.

Der Spielplatz steht auf dem Kopf

	ausprobieren		komisch
sich	austoben	der	Kopfstand
	balancieren		krabbeln
sich	balgen		kriechen
der	Ball 1		laufen
sich	bewegen	der	Palisadenzaun 6
sich	bücken		raufen
der	Eimer 2		rennen
sich	festhalten		rutschen
	geschafft	die	Schaukel 7
	geschickt		schaukeln
	hopsen	der	Spielplatz
	hüpfen		springen
	kicken	die	Sprossenwand 8
der	Kletterbaum 3		stemmen
das	Klettergerüst 4		turnen
	klettern		umkippen
die	Kletterstange 5	das	Wasserbecken 9

Viele Kinder sind heute zum Spielplatz gekommen. Martin macht gerade einen Kopfstand. Er will ausprobieren, wie lang er das kann. Schade, daß ihm niemand dabei zusieht, nicht mal sein kleiner Hund. Interessiert schnuppert der am Boden. Hier war Fips, der Nachbarhund, erschnüffelt er. Das findet er viel spannender als einen Kopfstand.
„He, guckt doch mal", ruft Martin. Aber Heike ruft gerade vom Kletterbaum aus noch viel lauter nach ihrer Freundin. Und deswegen hört keiner auf Martin. Sie sind alle sehr beschäftigt. Zwei Jungen rennen hinter ihrem Ball her und an Martin vorbei. Zwei andere Jungen wollen gerade genau wissen, wer von ihnen stärker ist. Mal liegt der eine unten, mal der andere. Sicher wird es noch eine Zeitlang dauern, bis sie wissen, wer der kräftigere und geschicktere ist. Höher und höher schaukelt ein Mädchen, während Rolf und seine Freunde das Klettergerüst zusammenbauen. Vorsichtig balanciert Moritz eine Runde auf dem Palisadenzaun. Alexander versucht, ihm auf allen Vieren nachzukriechen.
Jetzt kippt Martin um. Leider hat immer noch keiner darüber gestaunt, wie toll er kopfstehen konnte. „Na ja, ist ja auch egal. Hauptsache, ich habe es mal richtig lang geschafft", tröstet er sich. Dann fällt ihm plötzlich ein: Komisch, wie der Spielplatz auf dem Kopf steht, wenn man selbst auf dem Kopf steht.

Gleich geht's los

ansagen
die Bühne 1
die Dame 2
der Eintritt
die Eintrittskarte 3
erkennen
die Flüstertüte 4
geschminkt
der Hosenträger 5
der Kamm 6
die Kleiderkiste 7
der Kochtopf 8
das Kostüm 9
los geht's!
die Maske 10
sich maskieren
mitspielen
die Perücke 11

die Rolle
der Schauspieler 12
sich schminken
der Schnurrbart 13
schüchtern
selber machen
das Sieb 14
der Spiegel 15
die Stöckelschuhe 16
Theater spielen
das Theaterstück
sich trauen
sich verkleiden
verkleidet
vorspielen
zuschauen
der Zuschauer 17
der Zylinder 18

Die Kinder haben im Garten eine Leine gespannt. Daran wurde das alte Bettlaken festgeklammert. Und die Bühne haben sie mit einer Schere ins Laken geschnitten. Fertig ist ihr Theater. „Gleich geht's los!" ruft Renate durch ihre selbstgedrehte Flüstertüte. „Ich bin die Mutter", sagt ein Junge. Das erkennt man sofort. Schließlich hat er sich einen Topf über den Kopf gestülpt. In seinen Stöckelschuhen stolpert er zur Bühne. Hinter ihm kommt die Dame mit Pünktchenkleid. Eigentlich heißt sie Annemarie und macht sich gerne dreckig. Aber zur Abwechslung spielt sie feine Dame. Hannes ist der langstrumpfige Hosenträgerherr. Er konnte sich nicht entscheiden, welcher Hut aus der Kleiderkiste zu ihm paßt. Deswegen hat er drei Hüte aufgesetzt. „Dir wächst Gras aus dem Kopf", sagt Renate zu Hannes, als sie seine grüne Perücke sieht. Carola, Oliver und Mario kommen aus der Nachbarstraße. Sie würden gerne mitspielen, trauen sich aber noch nicht. Deswegen schauen sie erstmal zu. Am liebsten möchte sich Carola als Räuberin verkleiden. „Los geht's!" ruft Renate. „Wir spielen das Stück von der Frau mit dem Sieb auf dem Kopf. Die bin nämlich ich. Außerdem spielen wir was vom Mann mit den drei Hüten und Gras darunter. Pünktchendame und Mutter-Kochtopf-Wackelschuh kommen auch vor. Eintritt einen Pfennig. Für Erwachsene das Doppelte."

Vater, das Strandpferd

das Badehandtuch 1
baden
dösen
eincremen
sich erholen
erholt
die Erholung
faul
faulenzen
der Fels 2
die Ferien
genießen
gern
herrlich
die Insel 3
die Luftmatratze 4
das Meer 5
die Muschel 6

naß spritzen
in Ruhe
das Schlauchboot 7
schön
die Schwimmflossen 8
der Schwimmring 9
das Segelboot 10
sich sonnen
der Sonnenbrand
die Sonnenbrille 11
die Sonnencreme 12
der Sonnenschirm 13
spielen
der Strand
der Strandkorb 14
Urlaub machen
der Wasserball 15
wässern

Was machst du in den Ferien?

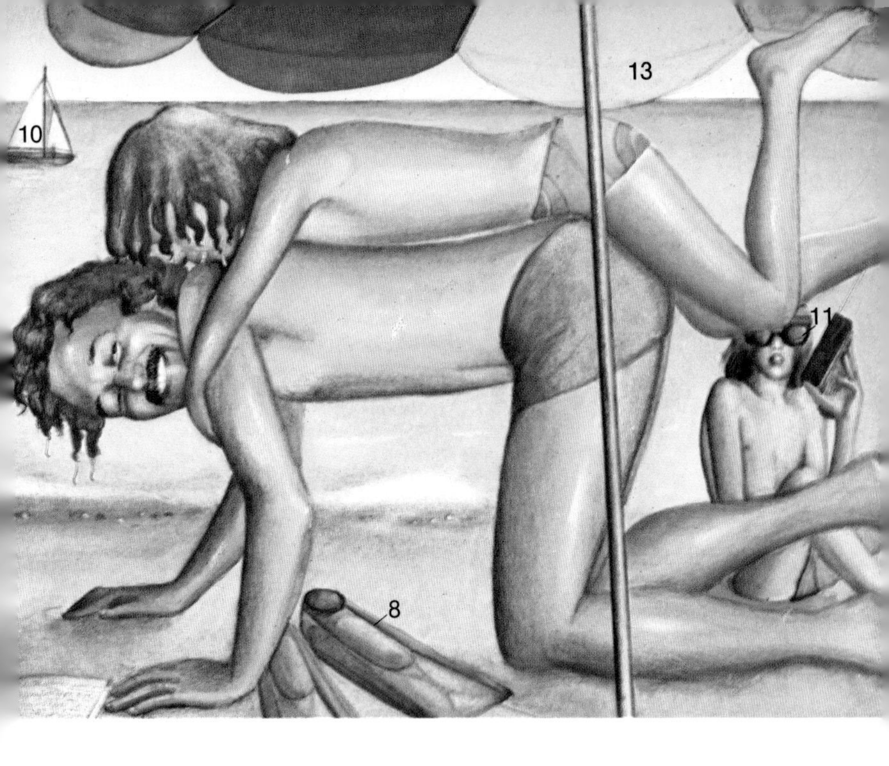

Vater liegt am Strand und liest. Er merkt gar nicht, daß sich Matthias anschleicht. Blitzschnell zieht er seinem Vater das Buch unter der Nase weg. Und der hätte zu gerne mal in Ruhe gelesen. Aber Matthias möchte zu gerne mal mit seinem Vater spielen. Deswegen spritzt er Ihn naß. Sehr munter wird Vater davon. „Na warte", sagt er. Aber Matthias wartet nicht. Er spritzt noch mehr. Dann raufen sie im Sand. Vor lauter Sonnencreme fühlt sich Vater ganz glitschig an. Jetzt hängt Matthias auf Vaters Rücken. Von da oben läßt er sich erst mal nicht verscheuchen. So kann er seinen Vater nämlich sehr gut zum Reiten benutzen. „Lauf schneller, Pferdchen!" befiehlt Matthias. Auf allen Vieren trabt das Vaterstrandpferd.
Mutter guckt den beiden von der Luftmatratze aus zu. Sie schaukelt im Wasser. Schön faul fühlt sie sich bei der Hitze. Herrlich, denkt sie. Sie errät nicht, was Sabine vorhat. Die möchte nämlich nicht mehr länger im Sand spielen. Sabine beschließt, ihre faule Luftmatratzenmutter soll ein wenig abkühlen. Vorsichtig will sie hinschleichen. Dann wird sie einen Stöpsel aus der Matratze ziehen. Schscht... macht's, und Mutter liegt im flachen Wasser, stellt sich Sabine vor. Oder laß ich das lieber? überlegt sie. Was soll ich jetzt nur machen? Meine Mutter wässern oder nicht?

Axel, das Verkehrshindernis

die Ampel 1
auffahren
aufpassen
aussteigen
der Autofahrer 2
bremsen
entsetzt
der Fußgänger 3
die Gefahr
gefährlich
gehen
der Gehweg 4
halten
hupen
die Kreuzung 5
der Lastkraftwagen (LKW) 6
leichtsinnig

sich losreißen
der Mittelstreifen 7
der Motorradfahrer 8
der Omnibus 9
der Personen(kraft)-wagen (PKW) 10
der Polizist 11
rücksichtsvoll
stoppen
die Stoßstange 12
die Straße 13
der Sturzhelm 14
der Unfall
unterwegs
der Verkehr
das Verkehrszeichen 15
vorsichtig
der Zebrastreifen 16

Robert und Sven sind mit ihrem Hund unterwegs. Axel heißt er. Die Jungen wollen Fußball spielen. Und deswegen hat Sven seinen Ball mit. Sie gehen gerade zum Zebrastreifen. Da passiert es. Sven stolpert, und der Ball fällt ihm aus der Hand. Er kullert und hüpft über den Gehsteig auf die Straße. Der Hund sieht das kullernde, hüpfende Ding. Das muß er packen. Er reißt sich los. Dann jagt er hinter dem Ball her. „Axel!“ ruft Sven entsetzt. Ein Autofahrer bremst im allerletzten Augenblick. Jetzt bemerkt auch der Hund die Gefahr und bremst mit allen Vieren. Nur der Motorradfahrer schafft das Bremsen nicht. Er fährt gegen die Stoßstange des PKW, aber zum Glück nur ganz leicht.
„Kannst du nicht aufpassen?“ ruft Sven dem Hund zu. Der kann das wirklich nicht gut. Er läuft nämlich erst mal hinterher, wenn da was kullert. Zum Glück sind hier am Zebrastreifen alle langsam und vorsichtig gefahren. Jetzt steigt der PKW-Fahrer aus. „Ist was passiert?“ fragt er. „Ne“, sagen der Motorradfahrer, Sven und Robert gleichzeitig.
Der Ball kullert in der Zwischenzeit nicht mehr. Ein Junge hat ihn aufgehoben. „Geht ihr zum Sportplatz?“ fragt er. „Ja“, sagt Robert. „Ich komm' mit“, sagt der Junge. Und deswegen sind sie jetzt zu dritt, mit Hund sogar zu viert.

Ziemlich kompliziert, diese Verwandtschaft

der Bruder 1
die Ehefrau
der Ehemann
das Ehepaar
die Eltern
der Enkel
die Enkelin
die Familie
Geburtstag feiern
das Geschenk
die Geschwister
die Großmutter 2
die Großtante 3
der Großvater 4
Herbert 5
kompliziert
die Kusine 6
die Mutter 7

der Neffe
die Nichte
der Onkel 8
schenken
der Schwager
die Schwägerin
die Schwester 9
der Schwiegersohn
die Schwiegertochter
der Sohn
die Stiefmutter
der Stiefvater
die Tante 10
die Tochter
der Vater 11
verwandt
die Verwandtschaft
der Vetter 12

Herberts Großvater hat Geburtstag. Zum Feiern kommt die ganze Verwandtschaft. Sie haben sich zusammen ein Geschenk für ihn überlegt. Großvater und Herbert wollen es gleich auspacken. „Das Geschenk kannst du brauchen", sagt Großmutter. „Vorsicht, ein Teil davon ist zerbrechlich", warnt die Großtante. Sie ist die jüngste Schwester von Großmutter. Komisch, denkt Herbert, daß sie nie ihren Hut abnimmt. Neben der Huttante sitzt Herberts Bruder. Er sagt: „Dein Geschenk funktioniert nur, wenn du was reinschraubst." Herberts Mutter hat heute ihr schönes rotes Kleid angezogen. Sie verrät: „Es wird ein leuchtendes Geschenk." Dazu meint Vater, der Herberts kleine Schwester auf dem Arm hält: „Bevor es leuchtet, muß man es anschließen." Vater ist übrigens nicht nur Vater. Er ist auch Großmutters Sohn, Mutters Ehemann, Bruder seiner Schwester... und noch mehr. „Dein Geschenk hat einen Fuß", sagt Tante Vera, Vaters Schwester. Ihr Mann, Onkel Heini, meint dazu: „Aber mit dem Fuß läuft es garantiert nicht davon." Die Tochter der beiden, Herberts Kusine, schenkt Opa noch eine Schallplatte. Herberts Vetter Klaus lehnt am Türrahmen. Er ist Tante Claudias Sohn. Seine Mutter kommt nie pünktlich. Und deswegen fehlt sie hier noch. Ziemlich kompliziert, diese Verwandtschaft, denkt Vetter Klaus.

Fliegenpilze mit roten Punkten

der Ast 1
der Baum 2
der Baumstamm 3
beobachten
braun
denkste!
duften
das Eichhörnchen 4
der Farn 5
der Fasan 6
flüstern
der Fuchs 7
der Hase 8
die Haselmaus 9
hoppeln
der Igel 10
klopfen
knacken

das Licht
das Moos 11
die Natur
der Pilz 12
pst!
rascheln
der Rehbock 13
die Rinde 14
ruhig
schleichen
der Specht 15
still
still stehen
das Tier
der Wald
der Waldweg 16
der Winterschlaf
der Zweig 17

Am Sonntag fährt die Familie in den Wald. Auf einem Weg gehen sie zwischen Bäumen und Büschen. Sie kommen an Fichten, Kiefern und Birken vorbei. „Der Wald duftet so richtig gut... nach Wald“, sagt Vater begeistert. Tim und Ines wollen Pilze sammeln. Die beiden rennen ein Stück tiefer in den Wald. Sie sehen ihre Eltern gar nicht mehr. Licht fällt durch die Äste, Zweige und Blätter. Überall knackt und raschelt es. Ein Eichhörnchen führt den beiden seine Turnübungen von Ast zu Ast vor. In der Nähe klopft ein Specht. „Guck mal“, ruft Tim, als zwei Hasen weghoppeln. Jetzt haben die Kinder die ersten Pilze gefunden. Plötzlich lacht Tim und sagt zu Ines: „Mit den roten Punkten auf deinem Pullover siehst du fast aus wie ein Fliegenpilz.“ „Denkste“, sagt Ines. „Fliegenpilze sind rot mit weißen Punkten.“

Als sie keine Lust zum Pilzesammeln mehr haben, bringen sie den Korb zu den Eltern. Mutter sagt: „Da sind frische Wildspuren. Wenn wir ganz ruhig sind, können wir vielleicht Rehe oder Hirsche beobachten.“ Alle stehen jetzt still. Und dann hören sie wirklich ein lautes Knacken. „Pst“, flüstert Vater, „das ist bestimmt ein großes Tier.“ Aber da hat er sich getäuscht. Das ist kein großes Tier, sondern der Förster. Er kommt gerade mit seinem Hund hinter einem Busch vor.

Wasser von oben und unten

	ablaufen	die	Regentonne 9
der	Anorak 1		regnen
	bewässern		schwimmen
die	Ente 2	der	See 10
	fließen		spritzen
der	Fluß 3		spüren
	Hilfe!		strömen
das	Hochwasser 4	der	Teich 11
die	Holzbrücke 5		tröpfeln
	mehr und mehr	der	Tropfen 12
	naß		tropfen
die	Nässe		überfluten
	oben		überschwemmen
die	Ölpest 6		unten
	planschen		verschmutzt
	plätschern	das	Wasser
der	Regenmantel 7	der	Wasserhahn 13
der	Regenschirm 8		wäßrig

Vater hat Meike von der Schule abgeholt. Als er vorhin losgegangen ist, waren am Himmel schon die ersten dunklen Wolken zu sehen. Immer mehr und mehr sind es geworden. Dann hat es angefangen zu regnen. Aber durch ihren blauen Anorak spürt Meike die Nässe fast nicht. Der Regen ist wirklich nötig, denkt Vater. Die Pflanzen brauchen unbedingt mal wieder Wasser. Er spannt seinen Schirm auf. Aber muß der Regen gerade dann sein, wenn ich Meike abhole? Auch Stephanie hat ihren Schirm aufgespannt. Unter seinem roten Dach ist genug Platz für zwei. Sie hört, wie die Regentropfen auf den Schirm trommeln. Zum Glück hat Stephanie morgens Gummistiefel angezogen. Da war dieser Regen vom Wetterbericht nämlich schon angekündigt worden. Wenigstens ein bißchen Nässe möchte Stephanie spüren. Deswegen fängt sie sich einen Tropfen aus der Luft. Christoph guckt von der Holzbrücke. Die armen Enten, denkt er. Die haben von oben und unten Wasser. Ziemlich wäßriges Leben. Warum gibt's für Enten keine Regenschirme? Oder brauchen sie keine? Als Christoph genau hinsieht, merkt er, daß die Enten wirklich ohne Regenschirme auskommen. Das Wasser läuft von ihren eingefetteten Federn ab. Darunter sitzen diese Schwimmvögel sozusagen im Trocknen. – Denk dir doch mal Geschichten zu den vier Wasserbildern auf der rechten Seite aus.

Gleich gibt's ein Gewitter

abkühlen
der Blitz 1
blitzen
der Donner
donnern
das Donnerwetter
dreißig Grad
einschlagen
sich fürchten
das Gewitter
die Gewitterwolke 2
grau
heiß
der Himmel 3
die Hitze
hitzefrei
krachen
kühl
leider
schattig
der Schweiß
schwitzen
das Schwitzewetter
schwül
strahlend blau
stürmisch
das Thermometer 4
trocken
das Unwetter
sich unwohl fühlen
das Wetter
der Wettermacher
windig
die Wolke 5
der Wolkenbruch 6
zucken

Vor Hitze klebt Gunda in der Schule fast am Stuhl. Kein Wunder, bei dreißig Grad im Schatten. Endlich heißt es: „Hitzefrei!“ So schnell sie das bei dem Schwitzewetter schaffen, gehen Gunda und ihr Freund Paul ins Schwimmbad. Im Wasser ist es herrlich angenehm und kühl. Aber leider verschwindet der blaue Postkartenhimmel. Wolken tauchen auf. Mehr und mehr werden es. Erst sehen sie grau aus und dann schwarz. Kühl und windig ist es plötzlich. „Gleich gibt's ein Gewitter“, sagt Paul. Schnell gehen sie los. Aber der Regen holt sie doch ein. Schon fallen die ersten Tropfen. Die Kinder ziehen ihr Badehandtuch über sich. Wie ein Zelt mit Beinen sehen sie aus. Als sie bei Gunda ankommen, ist aus dem Regen ein prasselnder Wolkenbruch geworden. Blitze zucken, und der Donner kracht. „Gut, daß ihr da seid“, meint Mutter. Gundas Bruder Johannes sitzt ängstlich in der Ecke. Er hält sich die Ohren zu. Gleich wird es wieder fürchterlich krachen. „Ich fühl' mich auch unwohl“, sagt Mutter. „Obwohl wir uns nicht fürchten müssen. Wir haben ja einen Blitzableiter auf dem Dach. Da schlägt es bestimmt nicht ein.“ – Gunda geht in ihr Zimmer. Ich müßte aufräumen, fällt ihr ein. Wenn sie das nicht tut, gibt's noch ein Donnerwetter. Aber das wäre jetzt nur halb so schlimm. Bei dem Donnerwetter draußen könnte sie das Donnerwetter ihrer Mutter sowieso nicht hören.

Unser Lieblingshaus

die Beutelwohnung
die Burg 1
das Dorf 2
sich einkuscheln
sich einrichten
eng
gemütlich
geschützt
das Haus 3
das Hausboot 4
nach Hause
zu Hause
hausen
die Hütte 5
der Iglu 6
das Indianerzelt 7
das Kissen 8
kuschelig

leben
das Lieblingshaus
mieten
das Nest 9
der Pfahlbau 10
das Schneckenhaus 11
die Stadt 12
der Stuhl 13
der Tisch 14
vermieten
sich wohl fühlen
wohnen
die Wohnhöhle
wohnlich
die Wohnung
die Wolldecke 15
das Zelt 16
sich zurückziehen

Sie treffen sich auf dem Spielplatz. Angelika und Helmut haben sich dort aus einem Tisch ein Haus gebaut. Als Terrasse und Dachverzierung stellen die beiden einen Stuhl auf dieses Tischhaus. Eine Decke über dem Tisch macht ihr neues Haus richtig höhlig. Die Kissenmöbel darin sind ganz weich. Angelika zieht ihre Beine unterm Tisch eng an sich. So fühlt sie sich wohl. „Bring Brezeln und was zu trinken mit“, bittet sie Helmut. Die beiden wollen es sich richtig gemütlich machen. Später werden sie von ihrer Wohnhöhle einen Telefonanschluß zum Spielhaus legen. Durch ihr Spielzeugtelefon können sie dann mit den Freunden da drüben sprechen. Eigentlich ist das Spielhaus fast jeden Tag ein anderes Haus. Einmal haben die Kinder darin Hochhaus gespielt. Dann war es auch schon ein Fort und eine Ritterburg. Ein Pfahlbau und ein Holzhaus ist es sowieso. Lieblingshaus könnten sie auch dazu sagen. Allerdings gibt's jetzt noch ein zweites Lieblingshaus. Das Tischhaus von Angelika und Helmut nämlich. – Schade, daß ich nachher nach Hause muß, denkt Helmut. Am liebsten möchte er sein Tischhaus auf dem Rücken mitnehmen, wie eine Schnecke das macht. Aber dafür ist es leider zu groß und zu schwer.
Auf den Bildern siehst du noch eine Menge anderer Wohnungen. In welcher möchtest du leben?

Beeil dich!

die Armbanduhr 1
der Augenblick
sich beeilen
das Datum
die Eile
der erste April
der Fahrplan 2
früh
fünf vor acht
gerade
gestern
gleichzeitig
halb acht
heute
höchste Zeit!
jetzt
der Kalender 3
kurz
lang
die Minute
der Minutenzeiger 4
der Monat
morgen
der Morgen
morgens
die Sanduhr 5
schon
der Sekundenzeiger 6
spät
der Stundenplan 7
der Stundenzeiger 8
trödeln
die Wanduhr 9
warten
der Wecker 10
Zeit haben

Florian träumt richtig schön von Sommer und Wasser. Da hört er seine Mutter: „Florian, aufstehen!“ Müde murmelt Florian: „Hmmm.“ Einen Augenblick bleibt er noch liegen. Ausgiebig dehnt und streckt er sich. Als er dann auf den Wecker sieht, erschrickt er. Kurz nach halb acht ist es. So spät schon. Er springt aus dem Bett. Schnell putzt er die Zähne. Zum Waschen hat er keine Zeit mehr.
Am Frühstückstisch fällt ihm dann das Datum ein: der erste April. Wen könnte ich in den April schicken? überlegt Florian. Meinen Lehrer? Klar! Ob ich sage, in Ihrer Hose ist ein Loch? Aber darauf fällt Herr Detzner bestimmt nicht rein. Vielleicht hat Mutter ja eine bessere Aprilscherzidee. Sie kommt gerade aus der Küche. Aber ihr fällt nur ein: „Höchste Zeit, trödle nicht immer so. Beeil dich!“
Fünf vor acht ist es. Nur weg jetzt, sonst fährt der Bus ohne Florian ab. Vor lauter Eile reißt er den Kakao um. „Paß doch auf! Und vergiß das Pausenbrot nicht“, sagt Mutter noch. Florian hört das schon nicht mehr und rennt zum Bus. Am liebsten möchte er die Zeit anhalten. Aber leider schafft er das nicht. Zum Glück kommen Florian und der Bus gerade noch gleichzeitig zur Haltestelle. Geschafft! Morgen gehe ich früher los, denkt Florian. Dann grinst er. Ihm fällt ein, daß er das auch gestern schon gedacht hat.

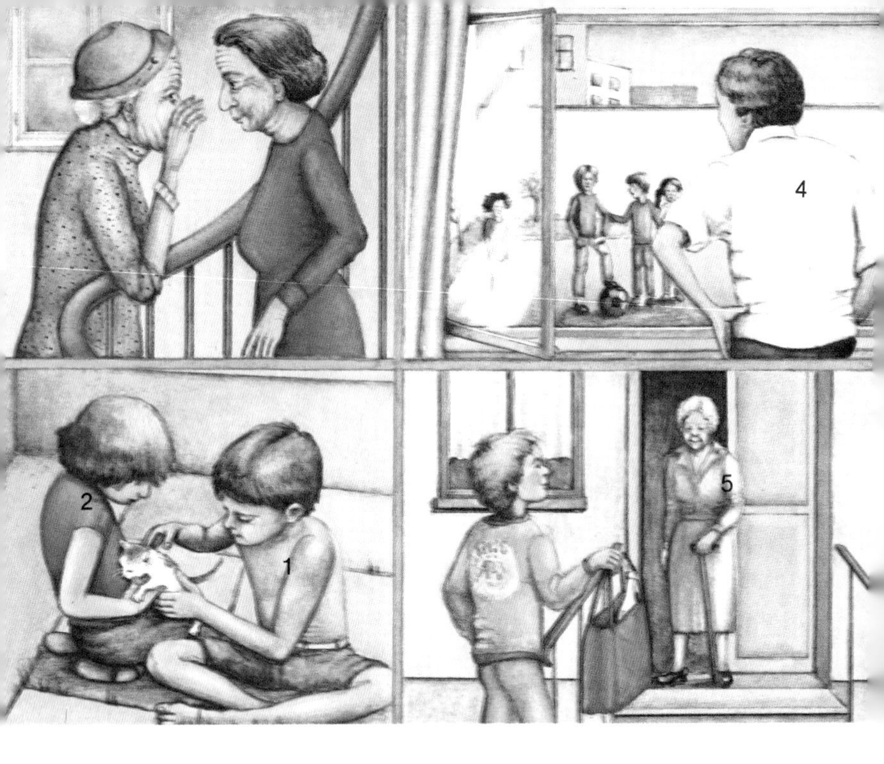

Mensch, ärgere dich nicht

	allein		helfen
sich	ärgern		hilfsbereit
sich	bedanken		Lärm machen
	befreundet sein		lästern
	begrüßen	die	Leute
	diskutieren	der	Mitspieler
	enttäuscht	der	Nachbar 4
	erlauben	die	Nachbarin 5
der	Erste sein	das	Spiel
der	Freund 1		stören
die	Freundin 2		tuscheln
	gegeneinander		untereinander
	gemeinsam		verbieten
das	Gerücht		verlieren
das	Gespräch	der	Verlierer 6
	gewinnen	sich	vertragen
der	Gewinner 3		vorschlagen
	Glück haben		zärtlich

Vera braucht eine Eins. Dann hat sie das Spiel gewonnen. Sie würfelt. Gespannt gucken die Kinder zu. Und da liegt Veras Eins. „Gewonnen!“ freut sie sich. Obwohl das Spiel 'Mensch, ärgere dich nicht' heißt, ärgert sich Rolf. Und wie! Er kann nämlich nur schwer verlieren. Rolf muß immer der Erste, Beste und Größte sein. Bei diesem Spiel schafft er das ja ganz sicher nicht mehr. Deswegen will er zweiter werden. Unbedingt! Obwohl Katja mit ihren gelben Figuren auch ziemlich weit ist. Und ich werde wieder letzter, denkt Tobias. Er hat die roten Figuren. Zum Glück kann Tobias einigermaßen gut verlieren. Darin ist er auch geübt. Erst vorhin hat er das wieder geschafft. Aber jedesmal verlieren, das findet Tobias nun doch langweilig. Deswegen will er einen Vorschlag machen. Das nächste Mal gewinnt, wer als letzter ankommt. So werde ich auch mal der Erste, hofft Tobias. Oder komme ich gerade dann als erster an und verliere wieder?
Während die Kinder in der dritten Etage spielen, passiert unter ihnen im Haus einiges. Ein Mann sieht aus dem Fenster. Ob er mit den Kindern Ball spielen möchte? Oder stört ihn der Lärm? Vielleicht ist er ein Vater und ruft: „Kommt zum Essen!“ Hat er gekocht? Und was macht seine Frau?
Fallen dir zu den anderen Bildern Geschichten ein?

Wörterverzeichnis – wie du es benutzen kannst

In diesem Wörterverzeichnis kannst du mehr als zehntausend Wörter nachschlagen. Das sind aber längst nicht alle Wörter, die es gibt. Wollten wir die alle abdrucken, würde der Kinderduden so dick, daß du ihn gar nicht mehr in die Hand nehmen könntest. Deswegen haben wir besonders die Wörter ausgewählt, die schwierig zu schreiben sind. Weggelassen haben wir manchmal Wörter, bei denen nicht so leicht ein Fehler passiert. Wer 'Leitung' schreiben kann, weiß sicher auch, wie man 'Leitungen' schreibt. Wenn bei einem Wort etwas in ( ) dabeisteht, so bedeutet das: so kann man das Wort auch schreiben. Bei den Zeitwörtern haben wir nur die Formen abgedruckt, die knifflig sind. Geht's dir nicht auch so, daß du nicht weißt, mit wieviel 't' man 'er rettete' schreibt? Bei zusammengesetzten Zeitwörtern verweist ein ▷ auf das einfache Zeitwort. Dort findest du dann, wie man die Formen schreibt. Manchmal haben wir aber auch Wörter aufgenommen, die du sicher schön findest, zum Beispiel 'Kuscheltier' oder 'Schwitzewetter'.
Alle Wörter sind nach dem Alphabet geordnet. Blätter' die rechte Seite einmal um und schau oben auf die Bilder. Der **A**ffe beißt vom **A**pfel ab, bis er schließlich aufgegessen ist. Damit ist auch der Buchstabe A im Wörterverzeichnis zu Ende. Auf der nächsten Seite beginnt der Buchstabe B. Da liest der **B**är ein **B**uch. Wenn das B fertig ist, klappt der Bär sein Buch zu. Kannst du das Alphabet in allen Bildern erkennen?
Wenn du ein bestimmtes Wort suchst, mußt du es zwischen den Wörtern mit gleichen Anfangsbuchstaben herausfinden. Damit das Suchen schnell geht, haben wir dir die Anfangsbuchstaben genau untereinander geschrieben. Wenn du zum Beispiel nicht weißt, wie das Wort 'Atlas' geschrieben wird, suchst du erst die Buchstaben **At**. Du brauchst dann nur noch die Wörter durchzulesen, die unter diesen beiden ersten Anfangsbuchstaben stehen. So findest du das Wort 'Atlas' ganz leicht.
Hinter manchen Wörtern im Wörterverzeichnis steht eine Nummer. Das ist eine Seitenzahl. Schlägst du diese Seite auf, findest du dort im vorderen Teil des Buches das Wort in der Wörterliste.

Das Känguruh gibt es auch im Wörterverzeichnis. Es sorgt mit seinen dummen Sprüchen dafür, daß du beim Nachschlagen was zu lachen und zu kichern hast.

Bei manchen Wörtern, zum Beispiel bei 'Ball', findest du ein Känguruh, das in einem Teekessel versteckt ist. Hier gibt es was zu raten. Das Teekessel-Wort 'Ball' hat zwei Bedeutungen. Auf Seite 170 findest du die Auflösung: es gibt einen Ball, mit dem man spielt, und einen Ball, auf dem man tanzt.

Aa *Aa*

Aa

der **Aa**l
die Aale

Ab

ab damit! 40
der **Ab**end
die Abende
abends
das **Ab**enteuer
abenteuerlich
aber
der **Ab**erglaube
der **Ab**fall
die Abfälle
das **Ab**gas 14
die Abgase
der **Ab**hang
die Abhänge
sich **ab**hetzen 6
▹ hetzen
abkühlen 58
▹ kühlen
ablaufen 56
▹ laufen
der **Ab**ort
abrubbeln 28
▹ rubbeln
der **Ab**satz
die Absätze
abschicken 40
▹ schicken
der **Ab**schied
abschreiben 42
▹ schreiben
absenden 40
▹ senden
der **Ab**sender 40
absperren 10
▹ sperren
die **Ab**sperrung 10
das **Ab**teil
die Abteile
abtrocknen 28
du trocknest ab
er trocknete ab

Ac

die **Ac**hse
die Achsen
acht
achten
du achtest
er achtete
achtzehn
achtzig
der **Ac**ker 8
die Äcker

Ad

die **Ad**er
die Adern
der **Ad**ler
die **Ad**resse 40
die Adressen
der **Ad**vent

Af

der **Af**fe
die Affen

Ah

aha!
ahnen
du ahnst
ähnlich 34
die **Ah**nung
die **Äh**re
die Ähren

Ak

das **Ak**kordeon 36
die Akkordeons
der **Ak**tenordner 6
der **Ak**tenschrank 6
die Aktenschränke
die **Ak**tentasche 6
die Aktentaschen

Al

alarmieren
du alarmierst
albern
das **Al**bum
die Alben
die **Al**ge
die Algen
der **Al**kohol
die **Al**lee
die Alleen
allein 64

alles 28
allmählich
das **Al**phabet
als
alt 34
älter
am ältesten
das **Al**ter 34

Am

die **Am**eise
die Ameisen
die **Am**pel 50
die Ampeln
die **Am**sel
die Amseln

An

die **An**anas
die Ananas(se)
der **an**dere
die and(e)ren
ändern
du änderst
anders 34
anfangen 16
▷ fangen
sich **an**fühlen 8
▷ fühlen
die **An**gel
die Angeln
angenehm 26
angenehmer
am angenehmsten
der **An**gestellte
die Angestellten
angezogen 26
die **An**gst 16
ängstlich 42
der **An**ker
der **An**orak 56
die Anoraks
ansagen 46
▷ sagen
anschauen 16
▷ schauen
die **An**schrift
anspitzen 20
du spitzt an
er spitzte an
ansprechen 34
▷ sprechen
sich **an**strengen 6
du strengst dich an
er strengte sich an
anstrengend 6
die **An**tenne
die Antennen
die **An**twort 40
die Antworten
antworten 40
du antwortest
er antwortete
sich **an**ziehen 26
▷ ziehen
anzünden 20
▷ zünden

Ap

der **Ap**fel 12
die Äpfel
die **Ap**felsine
die Apfelsinen
die **Ap**otheke 12
die Apotheken
der **Ap**petit 32
die **Ap**rikose
die Aprikosen
der **Ap**ril

Aq

das **Aq**uarium
die Aquarien

Ar

die **Ar**beit 6
die Arbeiten
arbeiten 6
du arbeitest
er arbeitete
der **Ar**beiter
der **Ar**beitsanzug 26
die Arbeitsanzüge
arbeitslos
der **Ar**chitekt
die Architekten
sich **är**gern 64
du ärgerst dich
arm
ärmer
am ärmsten
der **Ar**m 28
die Arme
die **Ar**mbanduhr 62
der **Är**mel
die **Ar**t
die Arten
der **Ar**zt 30
die Ärzte

As

die **As**che 20
der **As**t 54
die Äste

At

der **At**em
der **At**las
die Atlanten
(die Atlasse)
atmen
du atmest
er atmete

Au

au ja! 18
auf alle Fälle
auf keinen Fall 16
aufdrehen 14
▷ drehen
auffahren 50
▷ fahren
auffällig
die **Au**fgabe
die Aufgaben
aufgeregt 42
aufhängen 18
▷ hängen
aufhören
du hörst auf
aufmerksam
aufpassen 50
du paßt auf
paß auf!
aufräumen
du räumst auf
sich **au**fregen
du regst dich auf
er regte sich auf
aufregend 16
die **Au**fregung
aufreißen 40
▷ reißen
der **Au**fsatz
die Aufsätze
aufschichten 20
du schichtest auf
er schichtete auf
aufschlagen 32
▷ schlagen
aufschreiben 12
▷ schreiben
aufsetzen 26
du setzt auf
er setzte auf
aufspießen 20
du spießt auf
er spießte auf
aufstehen
▷ stehen
aufstellen 10
▷ stellen
das **Au**ge 28
die Augen
der **Au**genblick 62
die Augenblicke
der **Au**gust
der **Au**sflug
die Ausflüge
ausheben 10
▷ heben
das **Au**sland 34
der **Au**sländer
ausländisch 34
ausprobieren 44
▷ probieren
außen
ausschalten 16
▷ schalten
aussehen 24
▷ sehen
aussuchen 12
▷ suchen
aussteigen 50
▷ steigen
die **Au**sstellung
sich **au**stoben 44
▷ toben
austragen 40
▷ tragen
die **Au**swahl 16
auswählen 16
▷ wählen
der **Au**sweis
die Ausweise
auswendig
ausziehen 26
▷ ziehen
sich **au**sziehen 48
▷ ziehen
das **Au**to 22
die Autos
der **Au**tofahrer 50
der **Au**tomat
die Automaten

Ax

die **Ax**t
die Äxte

Bb *Bb*

Ba

das **Ba**by
die Babies
der **Ba**ch
die Bäche
die **Ba**cke 24
die Backen
backen 32
du bäckst (backst)
er backt (bäckt)
er backte (buk)
der **Bä**cker
die **Bä**ckerei 12
das **Ba**d
die Bäder
das **Ba**dehand-tuch 48
die Badehandtücher
die **Ba**dehose 26
der **Ba**demantel
die Bademäntel
baden 48
du badest
er badete
der **Ba**gger 10
der **Ba**ggerführer 10
der **Ba**hnhof
die Bahnhöfe
balancieren 44
du balancierst
bald
sich **ba**lgen 44
du balgst dich
er balgte sich
der **Ba**lken 10
der **Ba**lkon
die Balkons
(die Balkone)
der **Ba**ll 44
die Bälle
das **Ba**llkleid 26
die Ballkleider
der **Ba**llon
die Ballons
die **Ba**nane 12
die Bananen
das **Ba**nd
die Bänder
der **Ba**nd
die Bände
die **Ba**nk
die Bänke
die **Ba**nk
die Banken
der **Bä**r
die Bären
barfuß 26
der **Ba**rren
der **Ba**rt
die Bärte
die **Ba**rthaare 24
basteln 18
du bastelst
er bastelte
der **Ba**uarbeiter 10
der **Ba**uch 28
die Bäuche
bauen 10
du baust
der **Ba**uer 8
die Bauern
die **Bä**uerin
die Bäuerinnen
der **Ba**um 54
die Bäume
der **Ba**umstamm 54
die Baumstämme
die **Ba**ustelle 10
die Baustellen

Be

der **Be**amte
die Beamten
der **Be**cher
das **Be**cken
sich **be**danken 64
du bedankst dich
er bedankte sich
die **Be**deutung
sich **be**eilen 62
▷ eilen
die **Be**erdigung
die **Be**ere
die Beeren
das **Be**et 38
die Beete
befehlen
du befiehlst
er befahl
sie hat befohlen
befreundet 64
befriedigend
begabt
begegnen
du begegnest
er begegnete

begeistert
die **Be**geisterung
beginnen
du beginnst
er begann
sie hat begonnen
begrüßen 64
▷ grüßen
behaupten
du behauptest
er behauptete
der **Be**hinderte
die Behinderten
die **Be**hinderung
beide
der **Bei**fall
das **Bei**l
die Beile
das **Bei**n 28
die Beine
beinahe 14
das **Bei**spiel
die Beispiele
beißen
du beißt
er biß
sie bissen
sie hat gebissen
bekannt
bekommen 12
▷ kommen
beleidigt
bellen
er bellt
er bellte
belohnen
du belohnst
er belohnte

die **Be**merkung
sich **be**nehmen
▷ nehmen
beneiden
du beneidest
er beneidete
benutzen
▷ nutzen
das **Be**nzin
beobachten 54
du beobachtest
er beobachtete
bequem 14
bequemer
am bequemsten
bereit
der **Be**rg
die Berge
das **Be**rgwerk
die Bergwerke
berichten
du berichtest
er berichtete
der **Be**ruf 6
die Berufe
berühmt
beschäftigt 6
die **Be**scherung
sich **be**schweren
du beschwerst dich
der **Be**sen
besitzen
▷ sitzen
besonders
besprechen 6
▷ sprechen
die **Be**sprechung 6
besser 30

gute **Be**sserung!
das **Be**steck
bestimmt
bestrafen
du bestrafst
der **Be**such 30
die Besuche
besuchen 30
▷ suchen
beten
du betest
er betete
der **Be**ton
betonieren 10
er betoniert
die **Be**tonmisch-maschine 10
das **Be**tt 30
die Betten
betteln
du bettelst
er bettelte
die **Be**ule
die Beulen
die **Be**ute
die **Be**utel-wohnung 60
bevor
bewässern 56
▷ wässern
sich **be**wegen 44
du bewegst dich
er bewegte sich
bewundern
du bewunderst
bewußtlos
bezahlen 12
▷ zahlen

Bi

die **Bi**bel
biegen
du biegst
er bog
sie hat gebogen
die **Bi**ene
die Bienen
das **Bi**er
der **Bi**kini
die Bikinis
das **Bi**ld
die Bilder
der **Bi**ldschirm 16
billig 12
billiger
am billigsten
die **Bi**nde
die Binden
binden
du bindest
er band
sie hat gebunden
die **Bi**ologie
die **Bi**rke
die Birken
die **Bi**rne
die Birnen
bis
ein **bi**ßchen
der **Bi**ssen
bitte schön!
bitten
du bittest
er bat
sie hat gebeten
bitter

Bl

die **Bl**ase
die Blasen
blasen 36
du bläst
er blies
blaß 30
blasser (blässer)
am blassesten (blässesten)
das **Bl**att 38
die Blätter
blättern 6
du blätterst
er blätterte
blau 20
das **Bl**ech
die Bleche
die **Bl**echwanne 14
das **Bl**ei
bleiben
du bleibst
er blieb
der **Bl**eistift 42
die Bleistifte
blicken
du blickst
er blickte
blind
der **Bl**itz 58
die Blitze
blitzen 58
es blitzt
es blitzte
blöd(e) 30
blöder
am blödesten
blond
bloß
blühen
sie blüht
sie blühte
die **Bl**ume
die Blumen
der **Bl**umentopf 36
die Blumentöpfe
die **Bl**use
die Blusen
das **Bl**ut
die **Bl**üte 38
die Blüten
das **Bl**ütenblatt 38
die Blütenblätter
der **Bl**ütenkorb 38

Bo

der **Bo**ck
die Böcke
die **Bo**ckleiter 18
der **Bo**den 38
die Böden
der **Bo**gen
die Bögen
die **Bo**hne
die Bohnen
bohren
du bohrst
der **Bo**nbon (das)
die Bonbons
das **Bo**ot
die Boote
böse
böser
am bösesten

die **Bo**x 8
die Boxen
der **Bo**xer

Br

der **Br**and 20
die Brände
braten 32
du brätst
er briet
sie hat gebraten
brauchen 12
du brauchst
er brauchte
braun 54
brausen 22
du braust
er brauste
brav
braver
am bravsten
brechen
du brichst
er brach
sie hat gebrochen
der **Br**ei
breit
breiter
am breitesten
die **Br**emse
die Bremsen
bremsen 50
du bremst
er bremste
brennen 20
du brennst
er brannte
das **Br**ett
die Bretter
die **Br**ezel
die Brezeln
der **Br**ief 40
die Briefe
der **Br**iefbogen 40
der **Br**iefkasten 40
die Briefkästen
die **Br**iefmarke 40
die Briefmarken
der **Br**iefträger 40
der **Br**iefumschlag 40
die Briefumschläge
die **Br**ille
die Brillen
bringen
du bringst
er brachte
das **Br**ot 12
die Brote
der **Br**uch 30
die Brüche
die **Br**ücke
die Brücken
der **Br**uder 52
die Brüder
der **Br**unnen
die **Br**ust 28
die Brüste

Bu

das **Bu**ch 16
die Bücher
die **Bu**che
die Buchen
die **Bu**chhandlung
die **Bü**chse
die Büchsen
der **Bu**chstabe
die Buchstaben
buck(e)lig
sich **bü**cken 44
du bückst dich
er bückte sich
buddeln
du buddelst
er buddelte
das **Bü**geleisen 14
buh!
die **Bü**hne 46
der **Bu**merang
bummeln
du bummelst
bums!
bunt
bunter
am buntesten
das **Bu**ntpapier 18
der **Bu**ntstift
die Buntstifte
die **Bu**rg 60
die Burgen
der **Bü**rger
das **Bü**ro 6
die Büros
die **Bü**roarbeit 6
die **Bü**roklammer 6
die Büroklammern
die **Bü**rste
die Bürsten
der **Bu**sch
die Büsche
der **Bu**sen
die **Bu**tter 8

Cc *Cc*

Ca

das **Ca**fé 12
die Cafés
das **Ca**mping

Ch

der **Ch**ampignon
die Champignons
die **Ch**ance
die Chancen
der **Ch**arakter
der **Ch**ef
die Chefs
die **Ch**emie
der **Ch**or
das **Ch**ristkind

Cl

der **Cl**own
die Clowns

Co

der **Co**mic
die Comics
der **Co**mputer
der **Co**wboy
die Cowboys
der **Co**wboyfilm 16

Dd *Dd*

Da

da
dabei
das **Da**ch 10
die Dächer
der **Da**chdecker
der **Da**chstuhl 10
der **Da**ckel
dadurch
dafür
dagegen
daheim
daher
dahin
dahinter
die **Da**hlie
die Dahlien
damals 14
die **Da**me 46
die Damen
damit
der **Da**mm
die Dämme
die **Dä**mmerung
der **Da**mpf 14
die Dämpfe
der **Da**mpfer
danach
daneben
der **Da**nk
dankbar
danke!
danken
du dankst
er dankte
dann
daran
darauf
daraus
darin
der **Da**rm
die Därme
darüber
darum
darunter
dasselbe
die **Da**ttel
die Datteln
das **Da**tum 62
die Daten
dauern
es dauert
dauernd
der **Da**umen
davon
davor
dazu
dazwischen

De

die **De**cke
die Decken
der **De**ckel
decken
du deckst
er deckte
defekt
der **De**gen

sich	**de**hnen		**Di**	das	**Di**ng
du	dehnst dich			die	Dinge
er	dehnte sich	das	**Di**a(positiv)	der	**Di**nosaurier
der	**De**ich	die	Dias		**di**plomatisch
die	Deiche	der	**Di**amant		**di**rekt
die	**De**ichsel	die	Diamanten	der	**Di**rektor
die	Deichseln	die	**Di**ät	die	Direktoren
	delikat		**di**cht	die	**Di**skussion
die	**De**likatesse		dichter	die	Diskussionen
die	Delikatessen	am	dichtesten		**di**skutieren 64
der	**De**lphin		**di**chten	du	diskutierst
die	Delphine	du	dichtest	die	**Di**stel
	demnächst	er	dichtete	die	Disteln
die	**De**mokratie	der	**Di**chter	die	**Di**sziplin
	demokratisch		**di**ck 34		**di**vidieren
die	**De**monstration		dicker	du	dividierst
die	Demonstrationen	am	dicksten		
	demonstrieren	das	**Di**ckicht		**Do**
du	demonstrierst	du	**Di**ckkopf!		
	denken 34	der	**Di**eb		**do**ch
du	denkst	die	Diebe	die	**Do**gge
er	dachte	der	**Di**ebstahl	die	Doggen
das	**De**nkmal	die	Diebstähle	der	**Do**ktor
die	Denkmäler	die	**Di**ele	die	Doktoren
	denkste! 54	die	Dielen	der	**Do**m
	denn		**di**enen	die	Dome
	dennoch	du	dienst	der	**Do**nner 58
	deshalb	er	diente		**do**nnern 58
	je eher,	der	**Di**enstag	es	donnert
	desto besser!		**di**enstags	der	**Do**nnerstag
	deswegen	die	**Di**esellok(omo-		**do**nnerstags
der	**De**tektiv		tive) 22	das	**Do**nnerwetter 58
die	Detektive		**di**esmal		**do**of 42
	deutlich	das	**Di**ktat		**Do**ofkopp! 24
	deutlicher	die	Diktate		**do**ppelt
am	deutlichsten		**di**ktieren	das	**Do**ppelte
	deutsch	du	diktierst	das	**Do**rf 60
der	**De**zember	er	diktierte	die	Dörfer

dort
die **Do**se
die Dosen
das **Do**senwerfen 18
dösen 48
du döst
er döste
das **Do**tter (der)

Dr

der **Dr**ache(n)
der **Dr**aht
die Drähte
dran
drängeln
du drängelst
draußen 26
dreckig
dreckiger
am dreckigsten
drehen 14
du drehst
er drehte
drei
das **Dr**eieck
die Dreiecke
dreierlei
dreihundert
dreimal
dreißig 58
dreiviertel
jetzt schlägt's
dreizehn!
die **Dr**essur
die Dressuren
dringend
drinnen 26
das **Dr**ittel
drittens
die **Dr**oge
die Drogen
die **Dr**ogerie
drohen
du drohst
er drohte
die **Dr**ossel
die Drosseln
drüben
der **Dr**uck
drucken
du druckst
er druckte
die **Dr**uckerei
der **Dr**uckknopf
die Druckknöpfe
die **Dr**ucksache
die Drucksachen
drunter und
drüber

Ds

der **Ds**chungel

Du

der **Du**ft
die Düfte
duften 54
sie duftet
sie dufteten
dumm
dümmer
am dümmsten
du **Du**mmkopf!
düngen 38
du düngst
er düngte
der **Dü**nger
dunkel
dunkler
am dunkelsten
die **Du**nkelheit
dünn 34
dünner
am dünnsten
der **Du**nst
durch
das **Du**rcheinander
der **Du**rchfall
dürfen
du darfst
er durfte
dürr
der **Du**rst
durstig
duschen
du duschst
er duschte
das **Dü**senflug-
zeug 22
die Düsenflugzeuge
das **Du**tzend

Dy

der **Dy**namo
die Dynamos

Dz

der **D-Z**ug
die D-Züge

Ee *Ee*

Eb

die **Eb**be
eben
ebenso

Ec

das **Ec**ho
echt
echter
am echtesten
die **Ec**ke
die Ecken
eckig

Ed

edel
der **Ed**elstein
die Edelsteine

Eg

egal

Eh

ehe
eher
am ehesten
die **Eh**e
die **Eh**efrau 52
der **Eh**emann 52
das **Eh**epaar 52
die **Eh**re
ehrgeizig
ehrlich
ehrlicher
am ehrlichsten

Ei

das **Ei** 32
die Eier
die **Ei**che
die Eichen
das **Ei**chhörnchen 54
der **Ei**d
die **Ei**dechse
die Eidechsen
die **Ei**erschale 32
die Eierschalen
der **Ei**erschneider 36
die **Ei**eruhr 62
der **Ei**fer
eifersüchtig
eifrig
eifriger
am eifrigsten
eigen
die **Ei**genschaft
eigensinnig
eigentlich
der **Ei**gentümer
die **Ei**le 62
eilen
du eilst
er ist geeilt
eilig
der **Ei**mer 44
einander
die **Ei**nbahnstraße
der **Ei**nband
die Einbände
sich **ei**nbilden
du bildest dir ein
er bildete sich ein
die **Ei**nbildung
der **Ei**nbrecher
der **Ei**nbruch
eincremen 48
du cremst ein
er cremte ein
eindeutig
der **Ei**ndruck
eineinhalb
einerseits
einfach
einfacher
am einfachsten
der **Ei**nfall
die Einfälle
der **Ei**nfluß
der **Ei**ngang
die Eingänge
eingebildet
eingipsen 30
▷ gipsen
die **Ei**nheit
einhundert
einig sein
einigemal
einige Male
sich **ei**nigen
du einigst dich
er einigte sich
sie hat sich geeinigt

der **Ei**nkauf
die Einkäufe
einkaufen 12
▷ kaufen
die **Ei**nkaufs-tasche 12
der **Ei**nkaufs-wagen 12
der **Ei**nkaufszettel 12
sich **ei**nkuscheln 60
▷ kuscheln
einladen 12, 18
du lädst ein
er lädt ein
sie lud ein
die **Ei**nladung
auf **ei**nmal
das **Ei**nmaleins
einnehmen
▷ nehmen
einpacken
▷ packen
sich **ei**nrichten 60
▷ richten
eins
einsam
einsamer
am einsamsten
die **Ei**nsamkeit
einschalten 16
▷ schalten
einschlagen 58
▷ schlagen
einsilbig
einst
einsteigen 22
▷ steigen
einstmals

einstürzen
▷ stürzen
Achtung **Ei**nsturzgefahr!
einstweilen
der **Ei**ntritt 46
die **Ei**ntrittskarte 46
einundzwanzig
einverstanden!
einwandfrei
einweihen
du weihst ein
er weihte ein
einwerfen 40
▷ werfen
der **Ei**nwohner
die **Ei**nzahl
einzeln
einziehen 10
▷ ziehen
einzig
das **Eis**
der **Eis**bär
die Eisbären
das **Ei**sen
die **Ei**senbahn
der **Ei**senbahn-wagen 22
eisig
eiskalt
der **Ei**szapfen
eitel
die **Ei**telkeit
der **Ei**ter
eitern
es eitert
eit(e)rig
das **Ei**weiß

Ek

der **Ek**el
ekelhaft
sich **ek**eln
du ekelst dich
er ekelte sich
sie hat sich geekelt
ek(e)lig
ek(e)liger
am ek(e)ligsten

El

elastisch
der **El**efant
die Elefanten
elegant 26
der **El**ektriker
elektrisch 14
die **El**ektrizität
elend
das **El**end
elf
die **El**fe
die Elfen
das **El**fenbein
elfmal
der **El**l(en)bogen
die **El**tern 52

Em

das **Em**ail
die **Em**aille
empfangen 40
du empfängst
er empfing

der **Em**pfänger 40
empfehlen
du empfiehlst
er empfahl
sie hat empfohlen
empfehlenswert
die **Em**pfehlung
empfinden
du empfindest
er empfand
sie hat empfunden
empfindlich
empor
sich **em**pören
du empörst dich
er empörte sich
empörend
emsig

En

das **En**de
endgültig
endlich 6
endlos
die **En**ergie
energisch
eng 60
enger
am engsten
der **En**gel
der **En**kel 52
die **En**kelin 52
die Enkelinnen
enorm
entdecken
du entdeckst
er entdeckte
die **En**tdeckung
die **En**te 56
die Enten
sich **en**tfernen
du entfernst dich
er entfernte sich
die **En**tführung
entgegen
sich **en**tscheiden 16
du entscheidest dich
er entschied sich
sich **en**tschließen ▷ schließen
der **En**tschluß
sich **en**tschuldigen
du entschuldigst dich
er entschuldigte sich
die **En**tschuldigung
entsetzlich
entsetzt 50
entstehen
es entsteht
es entstand
enttäuschen ▷ täuschen
enttäuscht 64
die **En**ttäuschung
entweder
der **En**twurf
die Entwürfe
entwischen
du entwischst
er entwischte
das **En**tzücken
entzwei

Er

der **Er**be
die Erben
erben
du erbst
er erbte
sie hat geerbt
die **Er**bse
die Erbsen
das **Er**dbeben
die **Er**dbeere
die Erdbeeren
die **Er**de 38
das **Er**eignis
die Ereignisse
erfahren 40 ▷ fahren
die **Er**fahrung
erfinden ▷ finden
der **Er**finder
die **Er**findung
der **Er**folg
die Erfolge
erfreulich
die **Er**frischung
das **Er**gebnis
die Ergebnisse
sich **er**holen 48 ▷ holen
die **Er**holung 48
erholt 48
sich **er**innern
du erinnerst dich
er erinnerte sich
die **Er**innerung
die **Er**kältung

erkennen 46
▷ kennen
erklären 34
du erklärst
er erklärte
die **Er**klärung
sich **er**kundigen 34
du erkundigst dich
er erkundigte sich
erlauben 64
du erlaubst
er erlaubte
erleben
▷ leben
das **Er**lebnis
die Erlebnisse
erleichtert
die **Er**mäßigung
die **Er**nährung
ernst
ernster
am ernstesten
der **Er**nst
ernsthaft
die **Er**nte
ernten
er erntet
sie erntete
er hat geerntet
der **Er**oberer
erobern
du eroberst
die **Er**oberung
der **Er**presser
die **Er**pressung
erreichen
du erreichst
er erreichte

erscheinen
▷ scheinen
erschöpft 6
erschrecken 30
du erschrickst
er erschrak
sie ist erschrocken
erschüttert
erst
das **Er**staunen
erstaunlich
erstaunt
der **er**ste April 62
zum **er**stenmal
erstens
erster Preis
der **Er**ste sein 64
erstes Kind
ersticken
du erstickst
er erstickte
der **Er**stkläßler
ertrinken
▷ trinken
der **Er**wachsene
die Erwachsenen
erwarten
▷ warten
die **Er**wartung
erwidern
du erwiderst
er erwiderte
das **Er**z
erzählen
▷ zählen
die **Er**zählung
erziehen
▷ ziehen

Es

der **Es**el
essen 32
du ißt
er ißt
ihr eßt
sie essen
er aß
sie hat gegessen
das **Es**sen
der **Es**sig

Et

das **Et**ui
die Etuis
etwas Schönes

Eu

euch
euer Vater
eure Mutter
die **Eu**le
die Eulen
das **Eu**ter 8

Ew

die **Ew**igkeit

Ex

das **Ex**amen
die **Ex**plosion
die Explosionen
extra

Ff *Ff*

Fa

die **Fa**bel
die Fabeln
fabelhaft
die **Fa**brik
die Fabriken
das **Fa**ch
die Fächer
die **Fa**ckel
die Fackeln
der **Fa**den 18
die Fäden
die **Fä**higkeit
die **Fa**hne
die Fahnen
fahren 22
du fährst
er fuhr
sie ist gefahren
der **Fa**hrer
die **Fa**hrkarte
die Fahrkarten
der **Fa**hrplan 62
die Fahrpläne
das **Fa**hrrad 22
die Fahrräder
der **Fa**hrradfahrer 50
die **Fa**hrt
die Fahrten
das **Fa**hrzeug
die Fahrzeuge
fair
der **Fa**lke
die Falken
fallen
du fällst
er fiel
falls
falsch
falscher
am falschesten
fälschen
du fälschst
er fälschte
der **Fa**lter
die **Fa**milie 52
die Familien
famos
fangen
du fängst
er fing
die **Fa**rbe
die Farben
farbig
der **Fa**rbkasten
die Farbkästen
der **Fa**rbtopf 18
die Farbtöpfe
die **Fa**rm
die Farmen
der **Fa**rn 54
die Farne
der **Fa**san 54
die Fasane(n)
der **Fa**sching
die **Fa**snacht
die **Fa**snet
das **Fa**ß
die Fässer
fassen
du faßt
er faßte
fast 28
die **Fa**stnacht
faul 48
faulenzen 48
du faulenzt
die **Fa**ulheit
die **Fa**ust
die Fäuste

Fe

der **Fe**bruar
die **Fe**der 24
die Federn
das **Fe**dermäpp-
chen 42
die **Fe**e
die Feen
fehlen
du fehlst
er fehlte
der **Fe**hler
die **Fe**ier
die Feiern
der **Fe**ierabend 6
feiern 18
du feierst
er feierte
feig(e)
der **Fe**igling
die **Fe**ile
die Feilen
fein
feiner
am feinsten

der **Fe**ind
die Feinde
feindlich
die **Fe**indschaft
feindselig
das **Fe**ld 8
die Felder
das **Fe**ll 24
die Felle
der **Fe**ls(en) 48
die Felsen
das **Fe**nster 10
die **Fe**rien 48
das **Fe**rkel
die **Fe**rne
der **Fe**rnseh-apparat 16
die Fernsehapparate
das **Fe**rnsehen 16
fernsehen 16
▷ sehen
der **Fe**rnseher
die **Fe**rse
die Fersen
fertig 6
die **Fe**ssel
die Fesseln
fest
das **Fe**st 18
die Feste
sich **fe**sthalten 44
▷ halten
er hat sich fest-gehalten
die **Fe**ststellung
fett 8
fetter
am fettesten

das **Fe**tt 32
fettig
feucht
das **Fe**uer 20
der **Fe**uerschein 20
die **Fe**uerstelle 20
die **Fe**uerwehr
das **Fe**uerwehr-auto 20
der **Fe**uerwehr-mann 20
die Feuerwehrleute
(die Feuerwehr-männer)
das **Fe**uerwerk
das **Fe**uerzeug

Fi

die **Fi**bel
die Fibeln
die **Fi**chte
die Fichten
das **Fi**eber
das **Fi**eberthermo-meter 30
der **Fi**lm
die Filme
der **Fi**lter
der **Fi**lzstift 42
die Filzstifte
finden
du findest
er fand
sie hat gefunden
der **Fi**nger 28
der **Fi**ngernagel
die Fingernägel

finster
die **Fi**rma
die Firmen
der **Fi**sch
die Fische
fit
fix

Fl

flach
flacher
am flachsten
die **Fl**äche
die Flächen
flackern 20
es flackert
die **Fl**agge
die Flaggen
die **Fl**amme 20
die Flammen
die **Fl**asche 36
die Flaschen
der **Fl**eck(en)
die Flecken
fleckig
der **Fl**egel
das **Fl**eisch
der **Fl**eischer
der **Fl**eiß
fleißig
flicken
du flickst
er flickte
das **Fl**ickzeug
der **Fl**ieder
die **Fl**iege
die Fliegen

fliegen 22
du fliegst
er flog
der **Fl**iegenpilz
die Fliegenpilze
fliehen
du fliehst
er floh
sie ist geflohen
fließen 56
es fließt
es floß
es ist geflossen
die **Fl**immerkiste 16
der **Fl**ipper
flitzen 22
du flitzt
er flitzte
die **Fl**ocke
die Flocken
der **Fl**oh
die Flöhe
das **Fl**oß
die Flöße
die **Fl**öte 36
die Flöten
flöten
du flötest
er flötete
die **Fl**otte
die Flotten
fluchen
du fluchst
er fluchte
die **Fl**ucht
flüchtig
der **Fl**ug
die Flüge

der **Fl**ügel
der **Fl**ughafen
der **Fl**ugplatz
das **Fl**ugzeug
die Flugzeuge
flunkern
du flunkerst
der **Fl**ur
die Flure
der **Fl**uß 56
die Flüsse
flüssig
die **Fl**üssigkeit
flüstern 54
du flüsterst
er flüsterte
die **Fl**üstertüte 46
die **Fl**ut
die Fluten

Fo

das **Fo**hlen
folgen
du folgst
er folgte
die **Fo**lter
der **Fö**n 14
fönen 14
du fönst
er fönte
fordern
du forderst
er forderte
fördern
du förderst
sie förderte
die **Fo**rderung

die **Fö**rderung
die **Fo**relle
die Forellen
die **Fo**rm
die Formen
forschen
du forschst
er forschte
der **Fö**rster
die **Fo**rsythie
fort
der **Fo**rtschritt
Fortsetzung folgt!
das **Fo**to
die Fotos
der **Fo**to(apparat)
der **Fo**tograf
die Fotografen
die **Fo**tografie
die Fotografien
fotografieren
du fotografierst

Fr

die **Fr**age 34
die Fragen
fragen 34
du fragst
er fragte
das **Fr**agezeichen
die **Fr**au
die Frauen
das **Fr**äulein
frech
frecher
am frechsten
die **Fr**echheit

	frei
	freier
am	frei(e)sten
der	**Fr**eiballon 22
die	Freiballons
	freigebig
	freihändig
die	**Fr**eiheit
	freilich
der	**Fr**eitag
	freitags
	freiwillig
	fremd 34
der	**Fr**emde
die	Fremden
die	**Fr**emdsprache 34
die	Fremdsprachen
	fressen 8
du	frißt
sie	fressen
er	fraß
die	**Fr**eude
sich	**fr**euen 40
du	freust dich
er	freute sich
der	**Fr**eund 64
die	Freunde
die	**Fr**eundin 64
die	Freundinnen
	freundlich 42
die	**Fr**eundschaft
der	**Fr**iede(n)
	friedlich
	frieren
du	frierst
er	fror
die	**Fr**ikadelle
die	Frikadellen

	frisch
	frischer
am	frischesten
der	**Fr**iseur (Frisör)
die	**Fr**iseuse (Frisöse)
die	**Fr**isur
die	Frisuren
	froh
	froher
am	froh(e)sten
	fröhlich 18
	fromm
der	**Fr**osch
die	Frösche
der	**Fr**ost
	frostig
die	**Fr**ucht
die	Früchte
	fruchtbar
	früh 62
	früher 14
das	**Fr**ühjahr
der	**Fr**ühling 38
das	**Fr**ühstück

Fu

der	**Fu**chs 54
die	Füchse
	fühlen 28
du	fühlst
er	fühlte
	führen
du	führst
er	führte
der	**Fü**hrerschein
der	**Fü**ller
der	**Fü**llfederhalter

	fünf 62
der	**Fü**nfer
	fünfmal
das	**Fü**nftel
	fünftens
	fünfzehn
	fünfzig
der	**Fu**nke 20
die	Funken
	funkeln
es	funkelt
	fungelnagelneu
	funktionieren
es	funktioniert
die	**Fu**rcht
	furchtbar
sich	**fü**rchten 58
du	fürchtest dich
er	fürchtete sich
	fürchterlich 36
der	**Fu**ß 28
die	Füße
der	**Fu**ßball
der	**Fu**ßboden
der	**Fu**ßgänger 50
der	**Fu**ßgängerüber-weg
das	**Fu**tter 24
	futtern 32
du	futterst
er	futterte
	füttern 24
du	fütterst
er	fütterte
der	**Fu**ttersilo (das) 8
die	Futtersilos
der	**Fu**ttertrog 8
die	Futtertröge

Gg *Gg*

Ga

die **Ga**be
die Gaben
die **Ga**bel 32
die Gabeln
gackern
es gackert
es gackerte
gähnen 16
du gähnst
er gähnte
die **Ga**lerie
die **Ga**lle
der **Ga**lopp
galoppieren
du galoppierst
gammeln
du gammelst
der **Ga**ng
die Gänge
die **Ga**ngschaltung
der **Ga**ngster
die **Ga**ns
die Gänse
das **Gä**nseblümchen
ganz
im **ga**nzen
gar
die **Ga**rage
die Garagen
garantiert
der **Ga**rantieschein
die **Ga**rbe
die Garben
die **Ga**rderobe
die **Ga**rdine
die Gardinen
das **Ga**rn
der **Ga**rten
die Gärten
der **Ga**rten-
schlauch 36
die Gartenschläuche
der **Ga**rtenzaun 38
die Gartenzäune
der **Gä**rtner
die **Gä**rtnerei
das **Ga**s
die Gase
die **Ga**sse
die Gassen
der **Ga**st
die Gäste
das **Ga**sthaus
die Gasthäuser
die **Ga**ststätte
die Gaststätten
der **Ga**ul
die Gäule
der **Ga**umen
der **Ga**uner

Ge

das **Ge**bäck
das **Ge**bäude
geben
du gibst
er gab
das **Ge**biet
die Gebiete
das **Ge**birge
das **Ge**biß
geboren
das **Ge**bot
gebrauchen
▷ brauchen
die **Ge**brauchs-
anweisung
das **Ge**brüll
die **Ge**bühr
die Gebühren
die **Ge**burt
die Geburten
der **Ge**burtstag 52
die Geburtstage
das **Ge**burtstagskind
das **Ge**büsch
das **Ge**dächtnis
der **Ge**danke
die Gedanken
gedeihen
du gedeihst
er gedieh
sie ist gediehen
das **Ge**dicht
die Gedichte
das **Ge**dränge
die **Ge**duld
geduldig
geeignet
die **Ge**fahr 50
die Gefahren
gefährlich 50
gefallen 42
du gefällst
er gefiel

paß **ge**fälligst auf!
der **Ge**fangene
die Gefangenen
das **Ge**fängnis
die Gefängnisse
das **Ge**fäß
die Gefäße
das **Ge**flügel
die **Ge**friertruhe
das **Ge**fühl
gegen
die **Ge**gend
die Gegenden
gegen-einander 64
der **Ge**gensatz
die Gegensätze
gegenseitig
der **Ge**genstand
die Gegenstände
das **Ge**genteil
gegenüber
die **Ge**genwart
der **Ge**gner
der **Ge**halt (das)
das **Ge**hege
geheim
das **Ge**heimnis
die Geheimnisse
die **Ge**heimnis-krämerei
geheimnisvoll
gehen 50
du gehst
er ging
sie ist gegangen
das **Ge**hirn

gehorchen
du gehorchst
er gehorchte
gehören
du gehörst
er gehörte
der **Ge**horsam
das **Ge**hupe 22
der **Ge**hweg 50
die Gehwege
der **Ge**ier
die **Ge**ige
die Geigen
die **Ge**isel
die Geiseln
die **Ge**iß
die Geißen
der **Ge**ist
die Geister
geistig
der **Ge**iz
geizig
der **Ge**izkragen
das **Ge**lände
das **Ge**länder
gelb 38
gelblich
das **Ge**ld 6
das **Ge**lee (der)
die **Ge**legenheit
die Gelegenheiten
gelegentlich
gelehrig
der **Ge**lehrte
die Gelehrten
das **Ge**leise
das **Ge**lenk
die Gelenke

gelenkig
gelingen
es gelingt mir
es gelang dir
es ist ihm gelungen
gelten
du giltst
er galt
sie hat gegolten
die **Ge**ltung
das **Ge**mälde
gemein
gemeiner
am gemeinsten
die **Ge**meinde
die Gemeinden
die **Ge**meinheit
gemeinsam 64
die **Ge**meinsamkeit
die **Ge**meinschaft
die **Ge**mse
die Gemsen
das **Ge**müse
das **Ge**müt
die Gemüter
gemütlich 60
die **Ge**mütlichkeit
genau
genauer
am genau(e)sten
die **Ge**nauigkeit
genehmigen
du genehmigst
er genehmigte
die **Ge**nehmigung
der **Ge**neral
die Generäle
genial

das **Ge**nick
das **Ge**nie
die Genies
sich **ge**nieren
du genierst dich
genießen 48
du genießt
er genoß
sie hat genossen
genug
genügend
der **Ge**nuß
die **Ge**ographie
das **Ge**päck
gerade 62
geradeaus
das **Ge**rät
die Geräte
das **Ge**räusch
gerecht
die **Ge**rechtigkeit
das **Ge**rede
das **Ge**richt
die Gerichte
gering
geringer
am geringsten
gern(e) 48
lieber
am liebsten
die **Ge**rste
der **Ge**ruch
das **Ge**rücht 64
das **Ge**rüst 10
gesamt
die **Ge**samtschule
der **Ge**sang
das **Ge**säß

geschafft! 44
das **Ge**schäft
die Geschäfte
geschehen
es geschieht
es geschah
gescheit
gescheiter
am gescheitesten
das **Ge**schenk 52
die Geschenke
die **Ge**schichte
die Geschichten
geschickt 44
das **Ge**schirr
das **Ge**schlecht
die Geschlechter
der **Ge**schmack
geschmackvoll
geschminkt 46
das **Ge**schrei
geschützt 60
das **Ge**schwätz
die **Ge**schwindigkeit
die **Ge**schwister 52
der **Ge**selle
die Gesellen
die **Ge**sellschaft
das **Ge**setz
die Gesetze
gesetzlich
das **Ge**sicht 28
die Gesichter
das **Ge**spenst
du siehst doch
Gespenster!
das **Ge**spräch 64
die Gespräche

die **Ge**stalt
die Gestalten
das **Ge**ständnis
die Geständnisse
der **Ge**stank
gestatten
du gestattest
er gestattete
gestehen
du gestehst
er gestand
gestern 62
gestreift
gesund 34
gesünder
am gesündesten
die **Ge**sundheit
das **Ge**töse 22
das **Ge**tränk 12
die Getränke
sich **ge**trauen
du getraust
dich (dir)
er getraute sich
das **Ge**treide
die **Ge**walt
gewaltig
gewandt
das **Ge**wehr
die Gewehre
das **Ge**weih
die **Ge**werkschaft
das **Ge**wicht
der **Ge**winn
gewinnen 64
du gewinnst
er gewann
sie hat gewonnen

der **Ge**winner 64
gewiß
das **Ge**wissen
gewissenhaft
das **Ge**witter 58
gewitt(e)rig
die **Ge**witter-wolke 58
sich **ge**wöhnen
du gewöhnst dich
er gewöhnte sich
die **Ge**wohnheit
gewöhnlich
das **Ge**würz
die Gewürze

Gi

der **Gi**ebel
gierig
gieriger
am gierigsten
gießen 38
du gießt
er goß
sie hat gegossen
die **Gi**eßkanne 38
die Gießkannen
das **Gi**ft
giftig 14
der **Gi**nster
der **Gi**pfel
der **Gi**ps
gipsen
du gipst
er gipste
die **Gi**raffe
die Giraffen
die **Gi**rlande 18
die Girlanden
die **Gi**tarre 36
die Gitarren
das **Gi**tter
der **Gi**tterstab 24
die Gitterstäbe

Gl

der **Gl**anz
glänzen
du glänzt
er glänzte
sie hat geglänzt
glänzend
das **Gl**as
die Gläser
der **Gl**aser
die **Gl**aserei
glatt 28
glatter
am glattesten
die **Gl**ätte
das **Gl**atteis
die **Gl**atze
der **Gl**aube
glauben
du glaubst
er glaubte
gleich
gleichalt(e)rig
das **Gl**eichgewicht
gleichgültig
gleichmäßig
gleichzeitig 62
das **Gl**eis
die Gleise
gleiten 22
du gleitest
er glitt
der **Gl**etscher
das **Gl**ied
die Glieder
glitzern
es glitzert
der **Gl**obus
die Globusse
(die Globen)
die **Gl**ocke
die Glocken
die **Gl**otze 16
glotzen
du glotzt
er glotzte
das **Gl**ück 30
Glück haben 64
glücklich
herzlichen **Gl**ückwunsch!
glühen
du glühst
er glühte
glühend
die **Gl**ut 20
glutrot 20

Gn

die **Gn**ade
gnädig

Go

der **Go**ckel(hahn)
das **Go**ld

goldig
der **Go**lf
die **Go**ndel 22
der **Go**rilla
die Gorillas
der **Go**tt
die Götter

Gr

das **Gr**ab
die Gräber
graben
du gräbst
er grub
der **Gr**aben
die Gräben
der **Gr**af
das **Gr**amm
das **Gr**as 38
die Gräser
gräßlich
die **Grä**te
die Gräten
gratis
gratulieren
du gratulierst
grau 58
greifen
du greifst
er griff
die **Gr**enze
die Grenzen
der **Gr**ieß
die **Gr**ille
die Grillen
die **Gr**imasse
die Grimassen
grimmig
grinsen
du grinst
er grinste
die **Gr**ippe
grob
gröber
am gröbsten
groß 34
größer
am größten
groß werden 38
großartig
die **Grö**ße
die **Gr**oßeltern
die **Gr**oßmutter 52
die **Gr**oßtante 52
größtenteils
der **Gr**oßvater 52
die **Gr**ube
die Gruben
grün 38
der **Gr**und
die Gründe
gründlich
die **Gr**undschule
grunzen 8
es grunzt
es grunzte
die **Gr**uppe
die Gruppen
grus(e)lig
der **Gr**uß
die Grüße
grüßen
du grüßt
er grüßte
grüß Gott!

Gu

gucken 16
du guckst
er guckte
das **Gu**lasch (der)
gültig
die **Gü**ltigkeit
das **Gu**mmi
die Gummis
der **Gu**mmistiefel 26
günstig
günstiger
am günstigsten
die **Gu**rgel
die **Gu**rke
die Gurken
der **Gu**rt
die Gurte
der **Gü**rtel
der **Gu**ß
die Güsse
gut 38
besser
am besten
alles **Gu**te!
guten Appetit! 32
guten Tag!
die **Gü**te
der **Gü**terzug
gütig

Gy

das **Gy**mnasium
die Gymnasien
die **Gy**mnastik

Hh *Hh*

Ha

das **Ha**ar 28
die Haare
haben
du hast
er hat
sie hatte
sie haben gehabt
die **Ha**cke 38
die Hacken
hacken 38
du hackst
er hackte
der **Ha**fen
die Häfen
der **Ha**fer
die **Ha**gebutte
die Hagebutten
der **Ha**gel
es **ha**gelt
der **Ha**hn
die Hähne
der **Hai**(fisch)
die Haie
häkeln
du häkelst
er häkelte
der **Ha**ken
halb 62
die **Hä**lfte
die Hälften

hallo!
der **Ha**lm
die Halme
der **Ha**ls 28
die Hälse
halt!
halten 50
du hältst
er hielt
die **Ha**ltestelle
das **Ha**lteverbot
die **Ha**ltung
der **Ha**mmel
der **Ha**mmer 18
die Hämmer
hämmern 18
du hämmerst
er hämmerte
der **Ha**mpelmann
der **Ha**mster 24
die **Ha**nd 28
die Hände
der **Ha**ndel
handeln
du handelst
er handelte
die **Ha**ndlung
der **Ha**ndschuh 26
die Handschuhe
das **Ha**ndtuch
die Handtücher
das **Ha**ndwerk
der **Ha**ndwerker
der **Ha**ng
die Hänge
hängen
du hängst
er hing

die **Ha**rfe
die Harfen
die **Ha**rke
die Harken
hart 8
härter
am härtesten
hartnäckig
das **Ha**rz
der **Ha**se 54
die Hasen
die **Ha**selmaus 54
die Haselmäuse
die **Ha**selnuß
die Haselnüsse
der **Ha**ß
hassen
du haßt
er haßte
häßlich
häßlicher
am häßlichsten
hastig
der **Ha**uch
hauen
du haust
er haute
der **Ha**ufen
häufig
häufiger
am häufigsten
das **Ha**upt
die Häupter
das **Ha**us 60
die Häuser
die **Ha**usaufgabe 42
die Hausaufgaben
das **Ha**usboot 60

nach **Ha**use 60
zu **Ha**use 60
hausen 60
du haust
er hauste
die **Ha**usfrau
der **Ha**ushalt 12
der **Ha**usmann
der **Ha**usschuh 26
die Hausschuhe
die **Ha**ut 28
die Häute
die **Ha**utfarbe 34

He

der **He**bel
heben 10
du hebst
er hob
sie hat gehoben
der **He**cht
die Hechte
die **He**cke
die Hecken
das **He**er
die Heere
die **He**fe
das **He**ft
die Hefte
heftig
heftiger
am heftigsten
das **He**ftpflaster 30
der **He**ide
die Heiden
die **He**ide
das **He**idekraut
die **He**idelbeere
die Heidelbeeren
heil
heilig
der **He**iligabend
heilsam
die **He**ilung
das **He**im
die **He**imat
heimelig
die **He**imfahrt
heimlich
der **He**imweg
das **He**imweh
die **He**inzelmänn-chen
die **He**irat
heiraten
du heiratest
sie heirateten
heiser
die **He**iserkeit
heiß 58
heißer
am heißesten
heißen
du heißt
er hieß
heiter
heizen
du heizt
er heizte
die **He**izung
der **He**ktar
der **He**ktoliter
der **He**ld
die Helden
helfen 64
du hilfst
er half
sie hat geholfen
hell
heller
am hellsten
die **He**lligkeit
der **He**lm
die Helme
das **He**md
die Hemden
der **He**nkel
die **He**nne
die Hennen
her
herab
heran
heraus
herbei
der **He**rbst
der **He**rd 32
die Herde
die **He**rde
die Herden
herein!
der **He**ring
die Heringe
die **He**rkunft
der **He**rr
die Herren
herrlich 48
herrlicher
am herrlichsten
herrschen
du herrschst
er herrschte
der **He**rrscher

herstellen
▷ stellen
er hat hergestellt
herum
herunter
hervor
hervorragend
das **He**rz
die Herzen
herzlich
die **He**tze
hetzen
du hetzt
er hetzte
das **He**u
heulen
du heulst
er heulte
die **He**uschrecke
die Heuschrecken
heute 62
die **He**xe
der **He**xenschuß
die **He**xerei

Hi

hier
hierauf
hieraus
hierher
hierhin
hiermit
die **Hi**lfe 56
die Hilfen
hilfsbereit 64
die **Hi**mbeere
die Himbeeren
der **Hi**mmel 58
himmlisch
hin
hinaus
hindern
du hinderst
er hinderte
das **Hi**ndernis
die Hindernisse
hindurch
hinein
hinken
du hinkst
er hinkte
hinten
hinter
hinterher
der **Hi**ntern
hinterrücks
hinüber
hinunter
hinweg
der **Hi**nweis
die Hinweise
der **Hi**rsch
die Hirsche
die **Hi**rse
der **Hi**rt(e)
die Hirten
der **Hi**t
die Hits
die **Hi**tze 58
hitzefrei 58

Ho

das **Ho**bby
die Hobbys
der **Ho**bel
hobeln
du hobelst
er hobelte
hoch
höher
am höchsten
hochachtungsvoll
hochdeutsch
hochmütig
die **Ho**chschule
höchstens
das **Ho**chwasser 56
die **Ho**chzeit
hocken 24
du hockst
er hockte
der **Ho**cker
der **Hö**cker
das **Ho**ckey
der **Ho**den
der **Ho**f
die Höfe
hoffen
du hoffst
er hoffte
hoffentlich 34
die **Ho**ffnung
hoffnungslos
höflich
die **Hö**flichkeit
die **Hö**he
der **Hö**hepunkt
hohl
die **Hö**hle
die Höhlen
der **Ho**hn
höhnisch

Hokuspokus Fidibus!
holen
du holst
er holte
die **Hö**lle
holp(e)rig
der **Ho**lunder
das **Ho**lz 20
die Hölzer
die **Ho**lzbrücke 56
hölzern
der **Ho**lzfäller
holzig
der **Ho**nig
hoppeln 54
er hoppelt
er hoppelte
hoppla!
hopsen 44
du hopst
er hopste
horchen
du horchst
er horchte
hören
du hörst
er hörte
der **Hö**rer
der **Ho**rizont
das **Ho**rn
die Hörner
die **Ho**rnisse
die Hornissen
das **Ho**roskop
die **Ho**se 26
die Hosen
der **Ho**senträger 46
das **Ho**tel
die Hotels

Hu

hübsch
hübscher
am hübschesten
der **Hu**bschrauber
huch!
huckepack
der **Hu**f
die Hufe
das **Hu**feisen
die **Hü**fte
die Hüften
der **Hü**gel
das **Hu**hn
die Hühner
das **Hü**hnerauge
die Hühneraugen
das **Hü**hnerei
die Hühnereier
der **Hü**hnerstall
die Hühnerställe
die **Hü**lle
die Hüllen
die **Hü**lse
die **Hü**lsenfrüchte
die **Hu**mmel
die Hummeln
der **Hu**mmer
der **Hu**mor
humorlos
humorvoll
humpeln
du humpelst
er humpelte
der **Hu**nd
die Hunde
hundert
hundertmal
hundsgemein
der **Hu**nger
hungrig 32
die **Hu**pe
die Hupen
hupen 50
du hupst
er hupte
hüpfen 44
du hüpfst
er hüpfte
die **Hü**rde
die Hürden
hurra!
hurtig
huschen
du huschst
er huschte
husten
du hustest
er hustete
der **Hu**sten
der **Hu**t 26
die Hüte
hüten
du hütest
er hütete
die **Hü**tte 60
die Hütten

Hy

die **Hy**azinthe
die Hyazinthen

Ii *Ii*

Id

ideal
die Idee
die Ideen
der Idiot
die Idioten

Ig

der Igel 54
der Iglu (das) 60
die Iglus

Il

die Illustrierte
die Illustrierten
der Iltis
die Iltisse

Im

der Imbiß
der Imker
immer
das Immergrün
impfen
er impft
er impfte
imponieren
du imponierst
die Imprägnierung
imstande sein

In

indem
indessen
der Indianer
das Indianerzelt 60
die Industrie
ineinander
die Infektion
die Infektionen
die Information
die Informationen
sich informieren
du informierst dich
der Ingenieur
die Ingenieure
der Inhaber
der Inhalt
das Inhaltsverzeich-
nis
das Inland
inmitten
innen
das Innere
die Innereien
innerhalb
innerlich
das Insekt
die Insekten
die Insel 48
die Inseln
insgesamt
insofern
der Installateur
die Installateure
der Instinkt
die Instinkte
instinktiv
das Instrument 36
die Instrumente
intelligent
die Intelligenz
interessant 16
das Interesse
sich interessieren
du interessierst dich
das Internat
die Internate
international
das Interview
die Interviews
inwendig
inzwischen

Ir

irgend
irgendein
Mensch
irgendeiner
irgendwann
irgendwas
irgendwie
ironisch
irr(e)
irren ist
menschlich!
sich irren
du irrst dich
er irrte sich
sie hat sich geirrt
der Irrtum
die Irrtümer

Jj *Jj*

Ja

ja
die **Ja**cht
die Jachten
die **Ja**cke 26
die Jacken
die **Ja**gd
jagen
du jagst
er jagte
der **Jä**ger
der **Ja**guar
die Jaguare
jäh
das **Ja**hr
die Jahre
die **Ja**hreszeit 62
die Jahreszeiten
das **Ja**hrhundert
die Jahrhunderte
jährlich
der **Ja**hrmarkt
jähzornig
der **Ja**mmer
jämmerlich
jammern
du jammerst
der **Ja**nuar
jäten
du jätest
er jätete
jauchzen
du jauchzt
er jauchzte
der **Ja**zz

Je

je
die **Je**ans
jede Frau
jeder Mann
jedes Kind
jedesmal
jedoch
der **Je**ep
die Jeeps
jemals
jemand
jene Frau
jener Mann
jenes Kind
jenseits
jetzt 62
jeweils

Ji

das **Ji**u-Jitsu

Jo

der **Jo**b
die Jobs
das **Jo**d
jodeln
du jodelst
er jodelte
das **Jo**gging
der **Jo**ghurt (das)
die Joghurts
die **Jo**hannisbeere
der **Jo**urnalist
die Journalisten

Ju

der **Ju**bel
jubeln
du jubelst
er jubelte
das **Ju**biläum
die Jubiläen
jubilieren
du jubilierst
das **Ju**ckpulver
der **Ju**de
die Juden
jüdisch
das **Ju**do
die **Ju**gend
die **Ju**gendherberge
die Jugendherbergen
der **Ju**gendliche
die Jugendlichen
der **Ju**li
der **Ju**mbo-Jet
jung 34
jünger
am jüngsten
der **Ju**nge 34
die Jungen
die **Ju**ngfrau
der **Ju**nggeselle
der **Ju**ni
der **Ju**welier
der **Ju**x

Kk *Kk*

Ka

das **Ka**bel 14
die **Ka**bine
die Kabinen
die **Ka**chel
die Kacheln
der **Kä**fer
der **Ka**ffee
der **Kä**fig 24
die Käfige
kahl
der **Ka**hn
die Kähne
der **Ka**iser
das **Ka**jak (der)
die Kajaks
die **Ka**jüte
der **Ka**kadu
der **Ka**kao
der **Ka**ktus
die Kakteen
das **Ka**lb
die Kälber
der **Ka**lender 62
der **Ka**lk
kalt
kälter
am kältesten
die **Kä**lte
das **Ka**mel
die Kamele
die **Ka**mera
die Kameras
der **Ka**merad
die Kameraden
die **Ka**mille
der **Ka**min
der **Ka**mm 46
die Kämme
kämmen
du kämmst
er kämmte
die **Ka**mmer
die Kammern
der **Ka**mpf
die Kämpfe
kämpfen
du kämpfst
er kämpfte
der **Ka**nal
die Kanäle
der **Ka**narienvogel
der **Ka**ndidat
die Kandidaten
das **Kä**nguruh
die Känguruhs
das **Ka**ninchen 24
der **Ka**nister
die **Ka**nne
die Kannen
der **Ka**non
die **Ka**nte
die Kanten
das **Ka**nu
die Kanus
die **Ka**nzel
die Kanzeln
der **Ka**nzler
das **Ka**p
die **Ka**pelle
die Kapellen
kapieren
du kapierst
der **Ka**pitän
die Kapitäne
das **Ka**pitel
die **Ka**ppe
die Kappen
die **Ka**psel
die Kapseln
kaputt
die **Ka**puze 26
die Kapuzen
das **Ka**ramelbonbon
die Karamelbonbons
das **Ka**rate
die **Ka**rawane
die Karawanen
der **Ka**rfreitag
kariert
der **Ka**rneval
das **Ka**rnickel
das **Ka**ro
die Karos
die **Ka**rosserie
die **Ka**rotte
die Karotten
der **Ka**rpfen
der **Ka**rren
die **Ka**rriere
die **Ka**rte
die Karten
die **Ka**rtoffel 8
die Kartoffeln
der **Ka**rtoffelpuffer
der **Ka**rton
die Kartons

das **Ka**russell
die Karussells
der **Kä**se
der **Ka**sper
die **Ka**sper(le)-puppe 18
die Kasper(le)puppen
das **Ka**sper(le)theater
die **Ka**sse
die Kassen
die **Ka**ssette
die Kassetten
der **Ka**ssetten-recorder
kassieren
du kassierst
die **Ka**stanie
die Kastanien
der **Ka**sten
der **Ka**talog
die Kataloge
der **Ka**tarrh
die **Ka**tastrophe
die Katastrophen
der **Ka**ter
katholisch
die **Ka**tze
die Katzen
kauen
du kaust
er kaute
der **Ka**uf
kaufen 12
du kaufst
er kaufte
der **Kä**ufer
das **Ka**ufhaus
die Kaufhäuser

der **Ka**ufmann
die Kaufleute
das **Ka**ugummi
die Kaugummis
die **Ka**ulquappe
die Kaulquappen
kaum
der **Ka**uz
die Käuze

Ke

keck
der **Ke**gel
kegeln
du kegelst
die **Ke**hle
der **Ke**hlkopf
der **Ke**il
die Keile
der **Ke**im
die Keime
das **Ke**imblatt 38
die Keimblätter
keimen 38
er keimt
keine Frau
keine Menschen
keiner
keinerlei
keinesfalls
der **Ke**ks (das)
die Kekse
der **Ke**lch
die Kelche
die **Ke**lle
die Kellen
der **Ke**ller

der **Ke**llner
kennen 14
du kennst
er kannte
sich **ke**nnenlernen 34
▷ lernen
das **Ke**nnzeichen
die **Ke**ramik
der **Ke**rl
die Kerle
der **Ke**rn
die Kerne
das **Ke**rnkraftwerk
die **Ke**rze 20
die Kerzen
kerzengerade
der **Ke**ssel
das **Ke**tchup (der)
die **Ke**tte 8
die Ketten
keuchen
du keuchst
er keuchte
die **Ke**ule
die Keulen

Ki

kichern 28
du kicherst
er kicherte
kicken 44
du kickst
er kickte
der **Ki**efer
die Kiefer
die **Ki**efer
die Kiefern

der **Ki**es
der **Ki**eselstein
die Kieselsteine
das **Ki**lo(gramm)
der **Ki**lometer
der **Ki**lometerzähler
das **Ki**nd
die Kinder
die **Ki**ndersendung 16
der **Ki**nderwagen
die **Ki**ndheit
kindlich
das **Ki**nn
das **Ki**no
die Kinos
der **Ki**osk
kippen
du kippst
er kippte
die **Ki**rche
die Kirchen
die **Ki**rchturm
die Kirchtürme
die **Ki**rmes
die **Ki**rsche
die Kirschen
das **Ki**ssen 60
die **Ki**ste
die Kisten
der **Ki**tsch
der **Ki**tt
der **Ki**ttel
das **Ki**tz
kitz(e)lig
kitzeln 28
du kitzelst
er kitzelte
die **Ki**wi(frucht)

Kl

klagen
du klagst
er klagte
sie hat geklagt
die **Kl**ammer
die Klammern
klammheimlich
die **Kl**amotten
der **Kl**ang
die Klänge
die **Kl**appe
die **Kl**apperschlange
klar
die **Kl**äranlage
die **Kl**arinette
die **Kl**asse 42
die Klassen
das **Kl**assenzimmer
klatschen
du klatschst
er klatschte
klauen
du klaust
er klaute
das **Kl**avier 36
die Klaviere
kleben 42
du klebst
er klebte
klebrig
der **Kl**ebstoff 42
kleckern
du kleckerst
er kleckerte
der **Kl**ecks
die Kleckse

der **Kl**ee
das **Kl**eeblatt
die Kleeblätter
das **Kl**eid
die Kleider
die **Kl**eiderkiste 46
die **Kl**eidung
klein 34
kleiner
am kleinsten
der **Kl**eister
die **Kl**ementine
die Klementinen
klemmen 26
du klemmst
er klemmte
der **Kl**empner
die **Kl**ette
die Kletten
der **Kl**etterbaum 44
die Kletterbäume
das **Kl**ettergerüst 44
die Klettergerüste
klettern 44
du kletterst
er kletterte
die **Kl**etterstange 44
die Kletterstangen
das **Kl**ima
der **Kl**immzug
die Klimmzüge
klimpern
du klimperst
er klimperte
die **Kl**inge
die Klingen
die **Kl**ingel
die Klingeln

klingeln
es klingelt
klingen 36
sie klingt
sie klang
sie hat geklungen
die **Kl**inik
die Kliniken
die **Kl**inke
die Klinken
klipp und klar
das **Kl**o
die Klos
klopfen 54
du klopfst
er klopfte
das **Kl**osett
die Klosetts
der **Kl**oß
die Klöße
das **Kl**oster
die Klöster
der **Kl**otz
die Klötze
der **Kl**ub
die Klubs
klug
klüger
am klügsten

Kn

knabbern 24
du knabberst
er knabberte
der **Kn**abe
die Knaben
das **Kn**äckebrot
knacken 54
du knackst
er knackte
knallen
du knallst
er knallte
knallig
knapp
der **Kn**atsch
knattern 22
es knattert
knatternd
das **Kn**äuel (der)
knaus(e)rig
der **Kn**echt
die Knechte
kneifen
du kneifst
er kniff
die **Kn**eifzange
die **Kn**eipe
die Kneipen
kneten
du knetest
er knetete
die **Kn**etmasse
der **Kn**ick
die Knicke
der **Kn**icks
das **Kn**ie 28
die **Kn**iebundhose 26
die Kniebundhosen
knien
du kniest
er kniete
sie ist gekniet
der **Kn**irps
die Knirpse
knirschen
du knirschst
er knirschte
knistern 20
du knisterst
er knisterte
der **Kn**oblauch
der **Kn**öchel
der **Kn**ochen
knockout (k.o.)
die **Kn**olle
die Knollen
der **Kn**opf
die Knöpfe
die **Kn**ospe
die Knospen
der **Kn**oten
knüpfen
du knüpfst
er knüpfte
er **Kn**üppel
knurren
du knurrst
er knurrte
knurrig
knusp(e)rig

Ko

der **Ko**bold
die Kobolde
der **Ko**ch
die Köche
kochen
du kochst
er kochte
die **Kö**chin
die Köchinnen

der **Ko**chlöffel 32, 36
der **Ko**chtopf 46
die Kochtöpfe
der **Kö**der
der **Ko**ffer
der **Ko**hl
die **Ko**hle
die Kohlen
die **Ko**kosnuß
die Kokosnüsse
der **Ko**llege
die Kollegen
die **Ko**llegin
die Kolleginnen
der **Ko**met
die Kometen
der **Ko**miker
komisch 44
das **Ko**mma
die Kommas
(die Kommata)
kommandieren
du kommandierst
das **Ko**mmando
die Kommandos
kommen
du kommst
er kam
kein **Ko**mmentar!
der **Ko**mmissar
die **Ko**mmode
die Kommoden
die **Ko**mmunion
die **Ko**mödie
die Komödien
der **Ko**mpaß
das **Ko**mpliment
die Komplimente

kompliziert 52
der **Ko**mpost(haufen)
das **Ko**mpott
der **Ko**nditor
die Konditoren
die **Ko**nditorei
das **Ko**nfetti
die **Ko**nfirmation
der **Kö**nig
die Könige
die **Kö**nigin
die Königinnen
können
du kannst
wir können
er konnte
konsequent
die **Ko**nserve
die Konserven
die **Ko**nserven-dose 36
die Konservendosen
der **Ko**ntakt
die Kontakte
der **Ko**ntinent
die Kontinente
das **Ko**nto
die Konten
die **Ko**ntrolle
die Kontrollen
kontrollieren
du kontrollierst
sich **ko**nzentrieren
du konzentrierst dich
das **Ko**nzept
das **Ko**nzert
die Konzerte

der **Ko**pf 28
die Köpfe
das **Ko**pfkissen
der **Ko**pfsprung
der **Ko**pfstand 44
das **Ko**pfweh
das **Ko**pfzerbrechen
die **Ko**ppel
die Koppeln
die **Ko**ralle
die Korallen
der **Ko**rb
die Körbe
der **Ko**rk
die Korken
das **Ko**rn
die Körner
die **Ko**rnblume
die Kornblumen
der **Kö**rper
kostbar
kosten
du kostest
er kostete
köstlich
die **Ko**stprobe
das **Ko**stüm 46
die Kostüme
das **Ko**telett
die Koteletts

Kr

die **Kr**abbe
die Krabben
krabbeln 44
du krabbelst
er krabbelte

der	**Kr**ach
	krachen 58
es	kracht
es	krachte
	krächzen
du	krächzt
er	krächzte
die	**Kr**aft
die	Kräfte
das	**Kr**aftfahrzeug
die	Kraftfahrzeuge
	kräftig
	kräftiger
am	kräftigsten
der	**Kr**agen
die	**Kr**ähe
die	Krähen
	krähen
er	kräht
er	krähte
die	**Kr**alle 24
die	Krallen
	kramen
du	kramst
er	kramte
der	**Kr**ampf
die	Krämpfe
der	**Kr**an
die	Kräne
der	**Kr**anich
die	Kraniche
	krank 34
	kränker
am	kränksten
der	**Kr**anke
die	Kranken
das	**Kr**ankenhaus 30
die	Krankenhäuser
die	**Kr**ankenkasse
die	**Kr**anken-schwester 30
die	Kranken-schwestern
das	**Kr**anken-zimmer 30
die	**Kr**ankheit
der	**Kr**anz
die	Kränze
	kratzen
du	kratzt
er	kratzte
das	**Kr**aul(schwim-men)
das	**Kr**aut
die	Kräuter
die	**Kr**awatte
die	Krawatten
der	**Kr**ebs
die	Krebse
der	**Kr**edit
die	**Kr**eide
der	**Kr**eis
die	Kreise
	kreischen 28
du	kreischst
er	kreischte
der	**Kr**eisel
das	**Kr**eppapier 18
das	**Kr**euz
die	Kreuze
die	**Kr**euzotter
die	Kreuzottern
die	**Kr**euzung 50
	kriechen 44
du	kriechst
er	kroch
der	**Kr**ieg
die	Kriege
	kriegen
du	kriegst
er	kriegte
der	**Kr**imi
die	Krimis
der	**Kr**imskrams
die	**Kr**ippe
die	Krippen
die	**Kr**ise
die	Krisen
der	**Kr**istall (das)
	kritisch
	kritisieren
du	kritisierst
	kritzeln
du	kritzelst
er	kritzelte
das	**Kr**okodil
die	Krokodile
der	**Kr**okus
die	Krokusse
die	**Kr**one
die	Kronen
der	**Kr**on(en)kor-ken 36
die	**Kr**öte 30
die	Kröten
die	**Kr**ücke
die	Krücken
der	**Kr**ug
die	Krüge
der	**Kr**ümel
	krüm(e)lig
	krumm
	krummer
am	krummsten

sich **kr**ümmen
du krümmst dich
er krümmte sich
die **Kr**ümmung
der **Kr**üppel
die **Kr**uste
die Krusten

Ku

der **Kü**bel
die **Kü**che 32
die Küchen
der **Ku**chen
der **Kü**chentisch 32
die Küchentische
der **Ku**ckuck
die Kuckucke
so ein **Ku**ddelmuddel!
die **Ku**fe
die Kufen
die **Ku**gel
die Kugeln
kug(e)lig
der **Ku**gelschreiber 6
die **Ku**h 8
die Kühe
kühl 58
kühler
am kühlsten
kühlen
du kühlst
er kühlte
der **Kü**hlschrank
kühn
kühner
am kühnsten

die **Kü**hnheit
das **Kü**ken
der **Ku**li
die Kulis
die **Ku**lisse
die Kulissen
kullern
du kullerst
er kullerte
die **Ku**ltur
der **Kü**mmel
der **Ku**mmer
kümmerlich
sich **kü**mmern
du kümmerst dich
er kümmerte sich
der **Ku**nde
die Kunden
kündigen
du kündigst
er kündigte
die **Kü**ndigung
die **Ku**ndin
die Kundinnen
die **Ku**ndschaft
künftig
die **Ku**nst
die Künste
der **Kü**nstler
künstlich
der **Ku**nststoff
das **Ku**nststück
kunterbunt
das **Ku**pfer
die **Ku**pplung
die **Ku**r
die Kuren
die **Kü**r

die **Ku**rbel
die Kurbeln
kurbeln
du kurbelst
er kurbelte
der **Kü**rbis
die Kürbisse
kurios
der **Ku**rs
die Kurse
die **Ku**rve
die Kurven
kurvenreich
kurz 62
kürzer
am kürzesten
seit **ku**rzem
die **Kü**rze
kürzlich
kusch(e)lig 60
sich **ku**scheln
du kuschelst dich
er kuschelte sich
das **Ku**scheltier
die Kuscheltiere
die **Ku**sine 52
die Kusinen
der **Ku**ß
die Küsse
das **Kü**ßchen
küssen
du küßt
er küßt
sie küssen
er küßte
die **Kü**ste
die **Ku**tsche
die Kutschen

Ll *Ll*

La

das **La**bor(atorium)
das **La**byrinth
lächeln 34
du lächelst
er lächelte
lachen
du lachst
er lachte
lächerlich
lachhaft
der **La**chs
der **La**ck
lackieren
du lackierst
laden
du lädst
er lädt
sie lud
der **La**den
die Läden
die **La**dung
die **La**ge
das **La**ger
lahm
der **La**ib
die Laibe
der **La**ich
der **La**ie
die Laien
das **La**ken
die **La**kritze
lallen
du lallst
er lallte
das **La**ma
die Lamas
das **La**metta
das **La**mm
die Lämmer
die **La**mpe
die Lampen
der **La**mpion 18
die Lampions
das **La**nd
die Länder
landen
du landest
er landete
die **La**ndschaft
die **La**ndung
die **La**ndwirtschaft
lang 62
länger
am längsten
die **Lä**nge
die **La**ngeweile
langhaarig
der **La**nglauf
länglich
langsam 22
langsamer
am langsamsten
der **La**ngschläfer
die **La**ngspielplatte
die Langspielplatten
sich **la**ngweilen
du langweilst dich
er langweilte sich
langweilig 16
die **La**nze
die Lanzen
der **La**ppen
läppisch
der **Lä**rm 14
Lärm machen 64
lärmen
du lärmst
er lärmte
die **La**rve
die Larven
lassen
du läßt
sie lassen
er ließ
sie ließen
laß los!
lässig
das **La**sso
die Lassos
die **La**st
die Lasten
lästern 64
du lästerst
er lästerte
lästig
der **La**st(kraft)-
wagen (LKW) 50
die **La**terne
die Laternen
die **La**tte
die Latten
das **La**ub
der **La**ubbaum
die Laubbäume
die **La**ube
die Lauben

der **La**ubfrosch
die Laubfrösche
die **La**ubsäge
der **La**uch
lauern
du lauerst
er lauerte
der **La**uf
die Läufe
laufen 44
du läufst
er lief
der **Lä**ufer
das **La**ufrad 22
die Laufräder
die **La**uge
die **La**une
die Launen
launisch
die **La**us
die Läuse
lauschen
du lauschst
er lauschte
laut 36
lauter
am lautesten
der **La**ut
die Laute
läuten
du läutest
sie läutete
lautlos
der **La**utsprecher
lauwarm
die **La**va
die **La**wine
die Lawinen

Le

leben 60
du lebst
er lebte
das **Le**ben
lebendig 24
lebensgefährlich
der **Le**benslauf
die **Le**bensmittel 12
die **Le**ber
der **Le**bertran
die **Le**berwurst
lebhaft
der **Le**bkuchen
leblos
lecken
du leckst
er leckte
lecker 32
der **Le**ckerbissen
das **Le**der
ledern
ledig
lediglich
leer
die **Le**ere
leeren
du leerst
er leerte
legen
du legst
er legte
die **Le**gende
die Legenden
der **Le**hm 10
die **Le**hne
die Lehnen

lehnen
du lehnst
er lehnte
lehren
du lehrst
er lehrte
der **Le**hrer
die **Le**hrerin 42
die Lehrerinnen
der **Le**ib
die **Le**iche
die Leichen
leicht 26
leichter
am leichtesten
die **Le**ichtathletik
die **Le**ichtigkeit
der **Le**ichtsinn
leichtsinnig 50
das **Le**id
es tut mir
leid
leiden
du leidest
er litt
das **Le**iden
leidend
die **Le**idenschaft
leider 58
leihen
du leihst
er lieh
sie hat geliehen
der **Le**im
die **Le**ine
die Leinen
das **Le**inen
die **Le**inwand

leise 36
leiser
am leisesten
leisten
du leistest
er leistete
die **Le**istung
leiten
du leitest
er leitete
die **Le**iter
die **Le**itung
lenken 22
du lenkst
er lenkte
das **Le**nkrad 22
die Lenkräder
die **Le**nkstange
der **Le**nz
der **Le**opard
die Leoparden
die **Le**rche
die Lerchen
lernen 42
du lernst
er lernte
das **Le**sebuch
die Lesebücher
lesen 42
du liest
er las
lies!
der **Le**ser
zum **le**tztenmal
letztlich
leuchten
er leuchtet
es leuchtete
der **Le**uchter
der **Le**uchtturm
die Leuchttürme
leugnen
du leugnest
er leugnete
die **Le**ute 64
das **Le**xikon 42
die Lexika
(die Lexikons)

Li

die **Li**belle
die Libellen
das **Li**cht 54
die Lichter
lichterloh 20
die **Li**chtung
das **Li**d
die Lider
lieb
lieber
am liebsten 32
die **Li**ebe
lieben
du liebst
er liebte
liebenswürdig
liebevoll
liebhaben
▷ haben
lieblich
der **Li**ebling
das **Li**eblingshaus 60
die Lieblingshäuser
die **Li**eblings-
sendung 16
lieblos
das **Li**ed
die Lieder
liederlich
liefern
du lieferst
er lieferte
die **Li**eferung
die **Li**ege
die Liegen
liegen 30
du liegst
er lag
sie ist gelegen
liegenbleiben
▷ bleiben
liegenlassen
▷ lassen
der **Li**ft
die **Li**ga
die Ligen
lila(farben)
die **Li**lie
die Lilien
der **Li**liputaner
die **Li**monade
die **Li**nde
die Linden
das **Li**neal 42
die Lineale
die **Li**nie
die Linien
das **Li**nienblatt
der **Li**nienrichter
liniert
links
der **Li**nksaußen
der **Li**nkshänder

linkshändig
das **Li**noleum
die **Li**nse
die Linsen
die **Li**ppe
die Lippen
lispeln
du lispelst
er lispelte
die **Li**st
die **Li**ste
die Listen
listig
der **Li**ter (l)
ein viertel **Li**ter
die **Li**tfaßsäule

Lo

das **Lo**b
loben 6
du lobst
er lobte
das **Lo**ch
die Löcher
löch(e)rig
die **Lo**cke
die Locken
locken
du lockst
er lockte
locker
der **Lö**ffel 32

die **Lo**gik
logisch
der **Lo**hn
die Löhne
lohnen
es lohnt
es lohnte
das **Lo**kal
die Lokale
die **Lo**k(omotive)
die Lokomotiven
(die Loks)
der **Lo**k(omotiv)führer
der **Lo**rbeer
die Lorbeeren
das **Lo**s
die Lose
löschen 20
du löschst
er löschte
lose
das **Lö**segeld
lösen
du löst
er löste
losen
du lost
er loste
sich **lo**sreißen 50
▷ reißen
das **Lo**t
löten
du lötest
er lötete
der **Lo**tse
die Lotsen
die **Lo**tterie
das **Lo**tto
der **Lö**we
die Löwen
das **Lö**wenmäulchen
der **Lö**wenzahn

Lu

der **Lu**chs
die Luchse
die **Lü**cke
die Lücken
die **Lu**ft 14
die Lüfte
der **Lu**ftballon 18
die Luftballons
die **Lu**ftmasche
die **Lu**ftmatratze 48
die Luftmatratzen
das **Lu**ftschiff 22
die **Lu**ftschlange 18
die Luftschlangen
die **Lü**ftung
die **Lü**ge
die Lügen
lügen
du lügst
er log
der **Lü**gner
die **Lu**ke
die Luken
der **Lu**mpen
die **Lu**nge
die **Lu**pe
die Lupen
die **Lu**st
lustig 18
lustiger
am lustigsten
lutschen
du lutschst
er lutschte
der **Lu**tscher
der **Lu**xus

Mm *Mm*

Ma

machbar
machen 32
du machst
er machte
die **Ma**cht
die Mächte
mächtig
mächtiger
am mächtigsten
das **Mä**dchen 34
die **Ma**de
die Maden
madig
das **Ma**gazin
die Magazine
die **Ma**gd
die Mägde
der **Ma**gen
mager
die **Ma**gie
magisch
der **Ma**gnet
die Magnete
magnetisch
die **Ma**gnolie
die Magnolien
der **Mä**hdrescher
mähen
du mähst
er mähte
das **Ma**hl
die Mähler
mahlen
du mahlst
er mahlte
die **Ma**hlzeit
die Mahlzeiten
die **Mä**hmaschine
die **Mä**hne
die Mähnen
mahnen
du mahnst
er mahnte
die **Ma**hnung
der **Ma**i
das **Ma**iglöckchen
der **Ma**ikäfer
der **Ma**is
das **Ma**iskorn
die Maiskörner
die **Ma**jestät
majestätisch
der **Ma**joran
der **Ma**kel
makellos
die **Ma**kkaroni
der **Ma**kler
die **Ma**krele
die Makrelen
die **Ma**krone
die Makronen
das erste
Mal
malen 42
du malst
er malte
der **Ma**ler
die **Ma**lerei
malnehmen
▹ nehmen
das **Ma**mmut
die Mammute
(die Mammuts)
mampfen
du mampfst
er mampfte
der **Ma**nager
manche Freundin
mancher Freund
manches Kind
mancherlei
manchmal
die **Ma**ndarine
die Mandarinen
die **Ma**ndel
die Mandeln
das **Ma**ndel-
bäumchen
die **Ma**nege
die Manegen
der **Ma**ngel
die Mängel
mangelhaft
die **Ma**nier
die Manieren
manierlich
der **Ma**nn
die Männer
männlich
die **Ma**nnschaft
die Mannschaften
die **Ma**nsarde
die Mansarden
manschen
du manschst
er manschte

der **Ma**ntel 26
die Mäntel
das **Ma**nuskript
die Manuskripte
das **Mä**ppchen
die **Ma**ppe
die Mappen
der **Ma**rabu
der **Ma**rathonlauf
das **Mä**rchen
der **Ma**rder
die **Ma**rgarine
die **Ma**rgerite
die Margeriten
die **Ma**rine
die **Ma**rionette
die Marionetten
die **Ma**rk
das **Ma**rk
die **Ma**rke
die Marken
markieren
du markierst
der **Ma**rkt
die Märkte
die **Ma**rmelade
der **Ma**rmor
die **Ma**rone
die Maronen
die Maroni
die **Ma**rotte
die Marotten
der **Ma**rsch
die Märsche
marschieren
du marschierst
der **Ma**rterpfahl
der **Mä**rz

der **Mä**rzenbecher
das **Ma**rzipan
die **Ma**sche
die Maschen
die **Ma**schine 14
die Maschinen
die **Ma**sern
die **Ma**ske 46
die Masken
sich **ma**skieren 46
du maskierst dich
das **Ma**skottchen
das **Ma**ß
die Maße
die **Ma**sse
massenhaft
mäßig
der **Ma**ßstab
die Maßstäbe
der **Ma**st
die Maste(n)
mästen 8
er mästet
das **Ma**tch
die Matchs
das **Ma**terial
die Materialien
die **Ma**thematik
mathematisch
die **Ma**tratze
die Matratzen
der **Ma**trose
die Matrosen
der **Matsch**
matschig
matt
die **Ma**tte
die Matten

die **Ma**ttscheibe
die **Ma**uer
die Mauern
mauern 10
du mauerst
er mauerte
das **Ma**ul
die Mäuler
maulen
du maulst
er maulte
der **Ma**ulesel
der **Ma**ulwurf
die Maulwürfe
maunzen
er maunzt
sie maunzte
der **Ma**urer 10
die **Ma**us
die Mäuse
mäuschenstill
die **Ma**usefalle
das **Ma**useloch
mausetot
die **Ma**yonnaise
(die Majonäse)

Me

der **Me**chaniker
mechanisch
meckern
du meckerst
er meckerte
die **Me**daille
die Medaillen
das **Me**dikament
die Medikamente

die **Me**dizin
das **Me**er 48
der **Me**errettich
das **Me**erschwein-
chen 24
das **Me**hl 32
mehlig
mehr 56
mehrfach
die **Me**hrheit
mehrmals
mehrstimmig
die **Me**hrzahl
meiden
du meidest
er mied
die **Me**ile
die Meilen
mein Freund
meine Freundin
meinen
du meinst
er meinte
meinerseits
meinetwegen
die **Me**inung
die **Me**ise
die Meisen
der **Me**ißel
meißeln
du meißelst
er meißelte
am **me**isten
meistens
der **Me**ister
meisterhaft
die **Me**isterschaft
die **Me**lancholie

melancholisch
melden
du meldest
er meldete
die **Me**ldung
melken 8
du melkst
er molk
die **Me**lkmaschine 8
die Melkmaschinen
die **Me**lodie
die Melodien
melodisch
die **Me**lone
die Melonen
die **Me**nge
die Mengen
die **Me**ngenlehre
der **Me**nsch 34
die Menschen
die **Me**nschheit
menschlich
das **Me**nü
die Menüs
die **Me**ringe
merken
du merkst
er merkte
merklich
das **Me**rkmal
merkwürdig
die **Me**sse
die Messen
messen
du mißt
er mißt
er maß
das **Me**sser 32

das **Me**ssing
das **Me**tall
die Metalle
der **Me**teor
der **Me**ter (das) (m)
die **Me**thode
die Methoden
der **Me**tzger
die **Me**tzgerei 12
die **Me**ute
die **Me**uterei
meutern
du meuterst
er meuterte

Mi

miauen
sie miaut
sie miaute
mick(e)rig
der **Mi**ef
die **Mi**ene
die Mienen
mies
mieser
am miesesten
die **Mi**ete
die Mieten
mieten 60
du mietest
er mietete
der **Mi**eter
das **Mi**kado
das **Mi**krophon
(das Mikrofon)
die Mikrophone
(die Mikrofone)

das **Mi**kroskop
die Mikroskope
die **Mi**lch
milchig
die **Mi**lchleitung 8
die **Mi**lchstraße
der **Mi**lchzahn
mild
die **Mi**lde
das **Mi**lieu
das **Mi**litär
der **Mi**llimeter (das)
die **Mi**llion
die Millionen
der **Mi**llionär
die Millionäre
die **Mi**lz
die **Mi**mose
die Mimosen
die **Mi**nderheit
minderjährig
minderwertig
mindestens
die **Mi**ne
die Minen
das **Mi**neralwasser
das **Mi**nigolf
der **Mi**nister
minus
die **Mi**nute 62
die Minuten
der **Mi**nutenzeiger 62
die **Mi**rabelle
die Mirabellen
mischen
du mischst
er mischte
die **Mi**schung

miserabel
die **Mi**sere
der **Mi**ßerfolg
die **Mi**ßernte
das **Mi**ßgeschick
die **Mi**ssion
der **Mi**ssionar
mißlingen
es mißlingst
es mißlang
es ist mißlungen
das **Mi**ßtrauen
mißtrauisch
das **Mi**ßverständnis
der **Mi**st 8
das **Mi**stding 26
die **Mi**stel
der **Mi**sthaufen
mit
die **Mi**tarbeit
mitbringen
▷ bringen
er hat mitgebracht
das **Mi**tbringsel
miteinander
mitfahren
▷ fahren
er ist mitgefahren
mitfeiern 18
▷ feiern
das **Mi**tglied
die Mitglieder
mitkommen 12
▷ kommen
der **Mi**tlaut
das **Mi**tleid
mitleidig
der **Mi**tschüler

mitspielen 46
▷ spielen
der **Mi**tspieler 64
der **Mi**ttag
heute
mittag
das **Mi**ttagessen
mittags
die **Mi**tte
mitteilen
▷ teilen
er hat mitgeteilt
die **Mi**tteilung
das **Mi**ttel
das **Mi**ttelalter
mittelmäßig
die **Mi**ttelohrent-
zündung
der **Mi**ttelpunkt
der **Mi**ttelstreifen 50
mittendrin
die **Mi**tternacht
der **Mi**ttwoch
mittwochs
der **Mi**twisser
mixen
du mixt
er mixte
der **Mi**xer

Mo

das **Mö**bel
der **Mö**belwagen
mobil
die **Mo**de
das **Mo**dell
die Modelle

der **Mo**dellbau
der **Mo**derator
die Moderatoren
mod(e)rig
modisch
die **Mo**gelei
mogeln
du mogelst
er mogelte
mögen 18
du magst
er mag
sie mochte
möglich
die **Mö**glichkeit
möglichst
der **Mo**hn
das **Mo**hnbrötchen
die **Mö**hre
die Möhren
der **Mo**hrenkopf
die **Mo**hrrübe
die Mohrrüben
der **Mo**lch
die **Mo**lkerei
mollig
der **Mo**ment
die **Mo**narchie
der **Mo**nat 62
die Monate
monatelang
monatlich
der **Mö**nch
die Mönche
der **Mo**nd
die **Mo**ndlandefähre
die **Mo**ndlandung
der **Mo**ndschein

die **Mo**ndsichel
das **Mo**nokel
der **Mo**nolog
das **Mo**nopol
monoton
das **Mo**nster
das **Mo**nstrum
die Monstren
der **Mo**ntag
die **Mo**ntage
montags
der **Mo**nteur
montieren
du montierst
er montierte
das **Mo**nument
die Monumente
das **Mo**or
moorig
das **Mo**os 54
moosig
das **Mo**ped
die Mopeds
der **Mo**ps
die Möpse
sich **mo**psen
du mopst dich
er mopste sich
mopsfidel
das **Mo**psgesicht
mopsig
die **Mo**ral
der **Mo**rast
der **Mo**rd
die Morde
der **Mö**rder
mörderisch
morgen 62

der **Mo**rgen 62
guten **Mo**rgen!
morgendlich
das **Mo**rgengrauen
der **Mo**rgenmantel
morgens 62
morsch
das **Mo**rsealphabet
der **Mö**rser
das **Mo**rsezeichen
der **Mö**rtel
das **Mo**saik
die Mosaiken
die **Mo**schee
die Moscheen
mosern
du moserst
der **Mo**skito
die Moskitos
der **Mo**st
das **Mo**tiv
die Motive
der **Mo**tor
die Motoren
das **Mo**torboot
das **Mo**torrad 22
die Motorräder
der **Mo**torrad-fahrer 50
die **Mo**tte
die Motten
motzen
du motzt
er motzte
motzig
die **Mö**we
die Möwen

Mu

die **Mü**cke
die Mücken
der **Mü**ckenstich
die Mückenstiche
kein **Mu**cks
mucksmäuschen-still
müde 6
die **Mü**digkeit
muffig
mit **Mü**h und Not
die **Mü**he
die Mühen
mühelos
die **Mü**hle
die Mühlen
mühsam
die **Mu**lde
die Mulden
der **Mu**ll
der **Mü**ll
die **Mu**llbinde
die Mullbinden
die **Mü**lldeponie
der **Mü**lleimer
der **Mü**ller
die **Mü**lltonne
die Mülltonnen
die **Mu**ltiplikation
multiplizieren
du multiplizierst
die **Mu**mie
die Mumien
der **Mu**mps (die)
der **Mu**nd 28
die Münder
die **Mu**ndart
die Mundarten
mündlich
die **Mü**ndung
die **Mu**nition
munkeln
du munkelst
er munkelte
munter
die **Mu**nterkeit
die **Mü**nze
die Münzen
mürbe
der **Mü**rbteig
die **Mu**rmel
die Murmeln
murmeln
du murmelst
das **Mu**rmeltier
die Murmeltiere
murren
du murrst
er murrte
mürrisch
das **Mu**s (der)
die **Mu**schel 48
die Muscheln
das **Mu**seum
die Museen
die **Mu**sik 36
musikalisch
der **Mu**sikant
die Musikanten
das **Mu**sikinstrument
die Musik-instrumente
musizieren 36
du musizierst
der **Mu**skat
die **Mu**skatnuß
der **Mu**skel
die Muskeln
muskulös
die **Mu**ße
müssen 6
du mußt
er muß
sie müssen
er mußte
müßig
der **Mu**stang
die Mustangs
das **Mu**ster
das **Mu**sterbeispiel
mustergültig
musterhaft
mustern
du musterst
er musterte
der **Mu**t
mutig
mutlos
die **Mu**tlosigkeit
die **Mu**tprobe
die **Mu**tter 52
die Mütter
die **Mu**tter
die Muttern
mütterlich
das **Mu**ttermal
mutterseelen-allein
der **Mu**ttertag
mutwillig
die **Mü**tze 26
die Mützen

Nn *Nn*

Na

die **Na**be
die Naben
der **Na**bel
die **Na**belschnur
nach
nachahmen
du ahmst nach
er ahmte nach
sie hat nachgeahmt
die **Na**chahmung
der **Na**chbar 64
die Nachbarn
die **Na**chbarin 64
die NachbarInnen
die **Na**chbarschaft
nachdem
nachdenken
⊳ denken
er hat nachgedacht
nachdenklich
nachdrücklich
nacheinander
die **Na**cherzählung
der **Na**chfolger
nachgeben
⊳ geben
er hat nachgegeben
der **Na**chhauseweg
nachher
die **Na**chhilfe
nachholen
⊳ holen
er hat nachgeholt
nachlässig
der **Na**chmittag
nachmittags
die **Na**chricht
die Nachrichten
nachschlagen 42
⊳ schlagen
er hat nachge-schlagen
nachsichtig
das **nä**chste Mal
nächste Woche
der **Nä**chste
die Nächsten
die **Nä**chstenliebe
die **Na**cht
die Nächte
gute **Na**cht!
der **Na**chteil
die **Na**chtigall
die Nachtigallen
der **Na**chtisch
nächtlich
nachtragend
nachträglich
nachts
der **Na**chttisch 30
die Nachttische
der **Na**cken
nackt
die **Na**del
die Nadeln
das **Na**delöhr
der **Na**gel 18
die Nägel

nagelneu
nagen 24
du nagst
er nagte
das **Na**getier
die Nagetiere
nah(e)
näher
am nächsten
die **Nä**he
nahebei
nähen
du nähst
er nähte
sich **nä**hern
du näherst dich
er näherte sich
die **Nä**hmaschine
sich **nä**hren
du nährst dich
er nährte sich
nahrhaft
die **Na**hrung
das **Na**hrungsmittel
die **Na**ht
die Nähte
naiv
der **Na**me 24
die Namen
namens
nämlich
nanu!
der **Na**pf
die Näpfe
der **Na**pfkuchen
die **Na**rbe
die Narben
die **Na**rkose

der **Na**rr
die Narren
närrisch
die **Na**rzisse
die Narzissen
naschen 32
du naschst
er naschte
die **Na**se 28
die Nasen
naseweis
das **Na**shorn
die Nashörner
naß 56
nasser (nässer)
am nassesten (nässesten)
naß spritzen 48
die **Nä**sse 56
naßkalt
die **Na**tion
die Nationen
die **Na**tter
die Nattern
die **Na**tur 54
natürlich

Ne

der **Ne**bel
neb(e)lig
neben
nebenan
nebenbei
nebeneinander
nebenher
die **Ne**bensache
nebensächlich
necken
du neckst
er neckte
sie hat geneckt
der **Ne**ffe 52
die Neffen
das **Ne**gativ
die Negative
der **Ne**ger
nehmen
du nimmst
ihr nehmt
er nahm
sie hat genommen
nimm!
der **Ne**id
neidisch
sich **ne**igen
du neigst dich
er neigte sich
die **Ne**igung
nein
die **Ne**lke
die Nelken
nennen
du nennst
er nannte
sie hat genannt
der **Ne**rv
die Nerven
nervös
das **Ne**st 60
die Nester
nett
netter
am nettesten
das **Ne**tz 12
die Netze
neu
neuer
am neu(e)sten
etwas **Ne**ues
nichts **Ne**ues
der **Ne**ubau
die Neubauten
neuerdings
die **Ne**ugier(de)
neugierig 42
die **Ne**uigkeit
das **Ne**ujahr
neulich
neun
neunmal
neunzehn
neunzig
neutral

Ni

nicht
die **Ni**chte 52
die Nichten
nichts
der **Ni**chtschwimmer
nichtsdestotrotz
nicken
du nickst
er nickte
nie
nie und nimmer
nieder
niedergeschlagen
die **Ni**ederlassung

der	**Ni**ederschlag
die	Niederschläge
	niedlich
	niedrig
	niemals
	niemand
die	**Ni**ere
die	Nieren
	nieseln
es	nieselt
es	nieselte
der	**Ni**eselregen
	niesen
du	niest
er	nieste
das	**Ni**espulver
die	**Ni**ete
die	Nieten
der	**Ni**kolaus
das	**Ni**kotin
das	**Ni**lpferd
	nimmermehr
	nippen
du	nippst
er	nippte
	nirgends
	nirgendwo
die	**Ni**sche
die	Nischen
das	**Ni**veau
die	**Ni**xe
die	Nixen

No

	nobel
	nobler
am	nobelsten
	noch
	nochmals
der	**No**made
die	Nomaden
die	**No**nne
die	Nonnen
der	**No**rden
	nördlich
	nordöstlich
der	**No**rdpol
	nörgeln
du	nörgelst
er	nörgelte
die	**No**rm
die	Normen
	normal
die	**No**t
die	Nöte
der	**No**tar
der	**No**tarzt
die	**No**tdurft
	notdürftig
die	**No**te 36
die	Noten
	notieren
du	notierst
	nötig
	nötiger
am	nötigsten
die	**No**tiz 6
die	Notizen
das	**No**tizbuch
das	**No**tizpapier 6
die	**No**tlandung
der	**No**truf
die	**No**trufsäule
	notwendig
die	**No**twendigkeit
der	**No**ugat (das)
(der	Nugat)
der	**No**vember

Nu

im	**Nu**
	nüchtern
	nuckeln
du	nuckelst
die	**Nu**del
die	Nudeln
das	**Nu**delholz 36
	null
die	**Nu**ll
die	Nullen
der	**Nu**llpunkt
	numerieren
du	numerierst
er	numerierte
die	**Nu**mmer
die	Nummern
	nun
	nur
die	**Nu**ß
die	Nüsse
der	**Nu**ßknacker
der	**Nu**tzen
	nützen 38
	(nutzen)
du	nützt (nutzt)
es	nützte (nutzte)
	nützlich 26
	nutzlos

Ny

das	**Ny**lon

Oo *Oo*

Oa

die **Oa**se

die Oasen

Ob

ob

gib **Ob**acht!

obdachlos

der **Ob**dachlose

die Obdachlosen

die **O-B**eine

oben 56

obenan

obenauf

obendrein

der **Ob**er

das **ob**erste Stockwerk

die **Ob**erfläche

die Oberflächen

oberflächlich

oberhalb

die **Ob**erhand haben

obgleich

die **Ob**late

die Oblaten

die **Ob**oe

die Oboen

das **Ob**st 12

obwohl

Oc

der **Oc**hse

die Ochsen

die **Oc**hsenschwanz-suppe

Od

öde

oder

Of

der **Of**en

die Öfen

der **Of**en ist aus!

offen

offenbar

die **Of**fenbarung

die **Of**fenheit

offenherzig

offensichtlich

öffentlich

die **Öf**fentlichkeit

der **Of**fizier

die Offiziere

öffnen

du öffnest

er öffnete

die **Öf**fnung

oft

öfter

oftmals

Og

ogottogott!

Oh

oh, wie schön!

ohne

ohne weiteres

die **Oh**nmacht

ohnmächtig

klein, aber **oh**o!

das **Oh**r 28

die Ohren

das **Öh**r

die **Oh**rfeige

die Ohrfeigen

das **Oh**rläppchen

die **Oh**rmuschel

der **Oh**rring

die Ohrringe

Oj

oje!

ojemine!

ojerum!

Ok

okay!

die **Ok**tave

die Oktaven

der **Ok**tober

Ol

das **Öl**

die Öle

der **Ol**dtimer 22

der **Ol**eander

	ölen
du	ölst
er	ölte
die	**Öl**heizung
die	**Ol**ive
die	Oliven
die	**Öl**pest 56
die	**Ol**ympiade
die	**Ol**ympischen Spiele

Om

die	**Om**a
die	Omas
das	**Om**elett
der	**Om**nibus 50
die	Omnibusse
die	**Om**nibushalte-stelle

On

der	**On**kel 52

Op

der	**Op**a
die	Opas
die	**Op**er
die	Opern
die	**Op**eration
die	Operationen
die	**Op**erette
	operieren
er	operiert
sie	operierte
das	**Op**fer
sich	**op**fern
du	opferst dich
er	opferte sich
die	**Op**position
die	**Op**tik
der	**Op**tiker
	optisch

Or

	orange 20
die	**Or**ange
die	Orangen
der	**Or**angensaft
der	**Or**ang-Utan
die	Orang-Utans
das	**Or**chester
die	**Or**chidee
die	Orchideen
der	**Or**den
	ordentlich
	ordinär
	ordnen
du	ordnest
er	ordnete
der	**Or**dner
die	**Or**dnung
der	**Or**dnungsfimmel
	ordnungsliebend
die	**Or**ganisation
der	**Or**ganist
die	**Or**gel
die	Orgeln
die	**Or**gelpfeife
der	**Or**ient
sich	**or**ientieren
du	orientierst dich
er	orientierte sich
die	**Or**ientierung
der	**Or**ientteppich
das	**Or**iginal
	originell
der	**Or**kan
das	**Or**nament
der	**Or**t
die	Orte
das	**Ör**tchen
die	**Or**thographie
der	**Or**thopäde
	örtlich
die	**Or**tschaft
	ortskundig

Os

die	**Ös**e
die	Ösen
der	**Os**ten
das	**Os**terei
das	**Os**terfest
die	**Os**terglocke
die	Osterglocken
	österlich
	Ostern
	östlich

Ov

	oval
der	**Ov**erall
die	Overalls

Oz

der	**Oz**ean
die	Ozeane

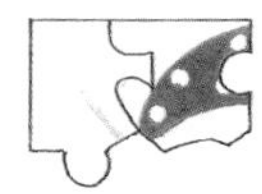
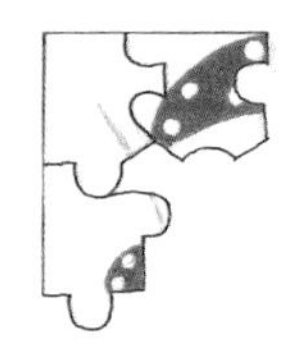

Pp *Pp*

Pa

das **Pa**ar
die Paare
ein **pa**ar Tage
ein **Pa**ar Schuhe
ein **pa**armal
die **Pa**cht
der **Pä**chter
das **Pä**ckchen 40
packen
du packst
er packte
das **Pa**ckpapier
die **Pa**ckung
das **Pa**ddel
paddeln
du paddelst
er paddelte
das **Pa**ket 40
die Pakete
die **Pa**ketkarte
der **Pa**last
die Paläste
die **Pa**lette
die Paletten
der **Pa**lisadenzaun 44
die Palisadenzäune
die **Pa**lme
die Palmen
die **Pa**mpelmuse
die Pampelmusen
die **Pa**nik
panisch
die **Pa**nne
die Pannen
das **Pa**norama
der **Pa**nther
der **Pa**ntoffel
die Pantoffeln
der **Pa**nzer T
der **Pa**pagei
die Papageien
das **Pa**pier
die Papiere
der **Pa**pierkorb
die **Pa**ppe
die Pappen
die **Pa**ppel
die Pappeln
die **Pa**pprolle 36
die Papprollen
der **Pa**prika
der **Pa**pst
die Päpste
das **Pa**radies
die Paradiese
paradiesisch
der **Pa**ragraph
die Paragraphen
parallel
die **Pa**rallele
die Parallelen
das **Pä**rchen
das **Pa**rfüm
der **Pa**rk
die Parks
parken
du parkst
er parkte
das **Pa**rkhaus
der **Pa**rkplatz
das **Pa**rlament
die **Pa**rtei
die Parteien
parteiisch
das **Pa**rterre
der **Pa**rtner
die **Pa**rty
die Partys
(die Parties)
der **Pa**ß
die Pässe
der **Pa**ssagier
die Passagiere
passen
es paßt mir gut
es paßte mir nicht
passieren
es passiert
es passierte
der **Pa**stor
die Pastoren
der **Pa**te
die Paten
das **Pa**tenkind
die Patenkinder
der **Pa**tenonkel
das **Pa**tent
die Patente
die **Pa**tentante
der **Pa**tient
die Patienten
die **Pa**tin
patsch!
in der **Pa**tsche sitzen
patschnaß

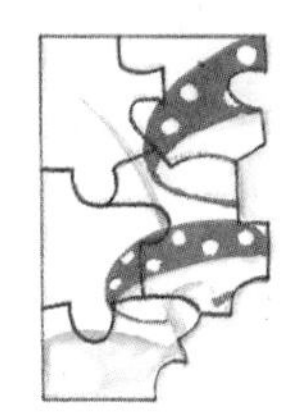

der **Pa**tzer
die **Pa**uke
die Pauken
der **Pa**uker
die **Pa**use
die Pausen
das **Pa**use(n)brot

Pe

das **Pe**ch
der **Pe**chvogel
das **Pe**dal
die Pedale
das **Pe**ddigrohr
peinlich
die **Pe**itsche
die Peitschen
die **Pe**llkartoffel
die Pellkartoffeln
der **Pe**lz
die Pelze
der **Pe**lzkragen 26
der **Pe**lzmantel
der **Pe**ndel (das)
der **Pe**ndler
peng! 16
der **Pe**nis 28
die **Pe**nsion
perfekt
das **Pe**rgament
die **Pe**rle
die Perlen
das **Pe**rlon
die **Pe**rson
die Personen
der **Pe**rsonen(kraft)-wagen (PKW) 50
persönlich
die **Pe**rsönlichkeit
die **Pe**rspektive
die Perspektiven
die **Pe**rücke 46
der **Pe**ssimist
die **Pe**st
die **Pe**tersilie
das **Pe**troleum
petzen
du petzt
er petzte

Pf

der **Pf**ad
die Pfade
der **Pf**adfinder
der **Pf**ahl
die Pfähle
der **Pf**ahlbau 60
die Pfahlbauten
das **Pf**and
die Pfänder
die **Pf**anne 32
die Pfannen
der **Pf**annkuchen 32
der **Pf**arrer
der **Pf**au
die Pfauen
der **Pf**effer
der **Pf**efferkuchen
der **Pf**efferminztee
die **Pf**eife
die Pfeifen
pfeifen 36
du pfeifst
er pfiff
der **Pf**eil
die Pfeile
der **Pf**eiler
der **Pf**ennig
die Pfennige
das **Pf**erd 22
die Pferde
die **Pf**erdestärke (PS)
der **Pf**iff
der **Pf**ifferling
pfiffig
Pfingsten
das **Pf**ingstfest
die **Pf**ingstrose
die Pfingstrosen
der **Pf**irsich
die Pfirsiche
die **Pf**lanze
die Pflanzen
pflanzen 38
du pflanzt
er pflanzte
das **Pf**laster
die **Pf**laume
die Pflaumen
die **Pf**lege
pflegen 24
du pflegst
er pflegte
die **Pf**licht
die Pflichten
der **Pf**lock
die Pflöcke
pflücken
du pflückst
er pflückte
der **Pf**lug 8
die Pflüge

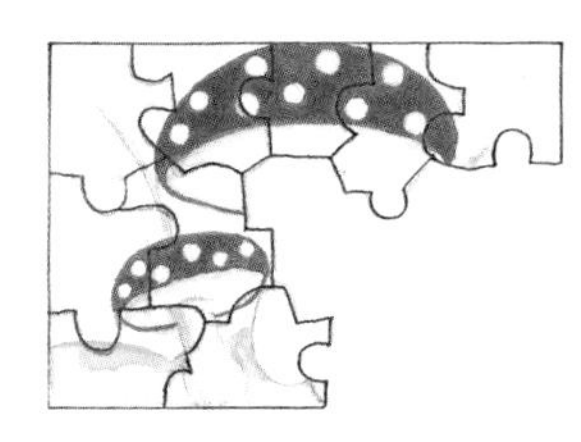

pflügen 8
du pflügst
er pflügte
der **Pf**örtner
der **Pf**osten
die **Pf**ote 24
die Pfoten
pfui!
das **Pf**und
die Pfunde
der **Pf**usch
die **Pf**ütze
die Pfützen

Ph

die **Ph**antasie
phantasieren
du phantasierst
phantastisch
die **Ph**ase
die Phasen
die **Ph**ysik

Pi

der **Pi**ckel
picken
du pickst
er pickte
das **Pi**cknick
piekfein
die **Pi**lle
die Pillen
der **Pi**lot
die Piloten
der **Pi**lz 54
die Pilze
der **Pi**nguin
die Pinguine
der **Pi**nsel 42
die **Pi**nzette
die Pinzetten
der **Pi**rat
die Piraten
die **Pi**ste
die Pisten
die **Pi**stole
die Pistolen
pitsch(e)naß
die **Pi**zza
die Pizzas
(die Pizzen)

Pk

der **PK**W 50
die PKWs

Pl

die **Pl**age
die Plagen
sich **pl**agen
du plagst dich
er plagte sich
das **Pl**akat 16
die Plakate
der **Pl**an
die Pläne
planen
du planst
er plante
der **Pl**anet
die Planeten
planlos
planschen 56
du planschst
er planschte
die **Pl**antage
die Plantagen
plappern
du plapperst
er plapperte
die **Pl**astik
die Plastiken
die **Pl**astiktüte
die **Pl**atane
die Platanen
platsch!
plätschern 56
es plätschert
es plätscherte
platt
platter
am plattesten
die **Pl**atte
die Platten
plätten
du plättest
er plättete
der **Pl**attenspieler
der **Pl**atz
die Plätze
das **Pl**ätzchen
platzen
du platzt
er platzte
der **Pl**atzregen 58
die **Pl**auderei
plaudern
du plauderst
er plauderte
pleite sein

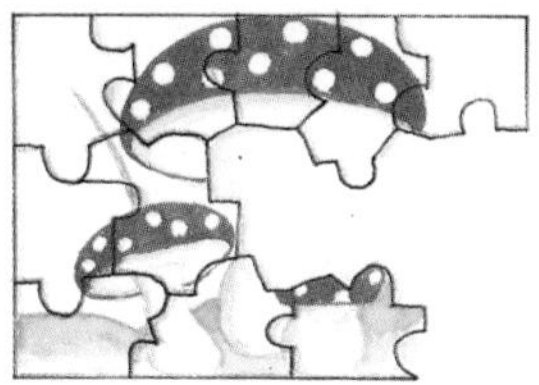
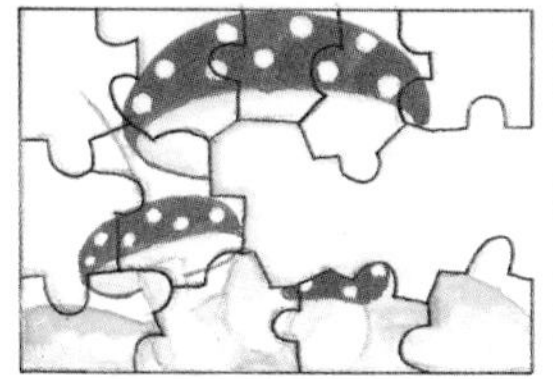
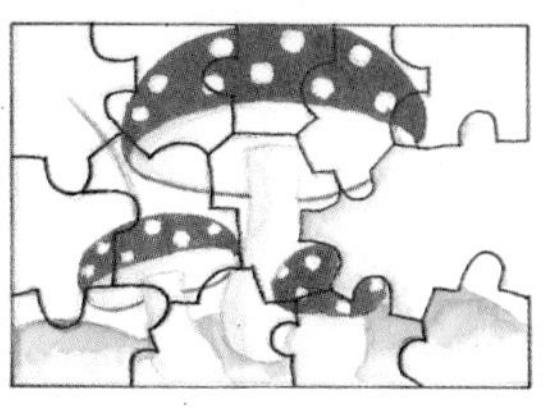

die **Pl**ombe
die Plomben
plombieren
du plombierst
plötzlich
plump
plumps!
plündern
du plünderst
er plünderte
der **Pl**ural
plus

Po

der **Po** 28
die **Po**cken
das **Po**dium
das **Po**esiealbum
die Poesiealben
der **Po**kal
die Pokale
der **Po**l
die Pole
die **Po**litik
der **Po**litiker
politisch
die **Po**lizei
der **Po**lizist 50
die Polizisten
das **Po**lster
die **Po**mmes frites
das **Po**ny
die Ponys
das **Po**pcorn
die **Po**pmusik
die **Po**re
die Poren

der **Po**rree
das **Po**rtemonnaie
die Portemonnaies
der **Po**rtier
die **Po**rtion 32
die Portionen
das **Po**rto
das **Po**rträt
das **Po**rzellan
die **Po**saune
die Posaunen
positiv
die **Po**st 40
das **Po**stamt
das **Po**ster (der)
das **Po**sthorn 40
die **Po**stkarte
die Postkarten
die **Po**stleitzahl 40
der **Po**sten

Pr

die **Pr**acht
prächtig
prachtvoll
prahlen
du prahlst
er prahlte
der **Pr**aktikant
die Praktikanten
praktisch
die **Pr**aline
die Pralinen
prall
die **Pr**ärie
der **Pr**äsident
die Präsidenten

prasseln 20
es prasselt
es prasselte
die **Pr**axis
die Praxen
die **Pr**edigt
der **Pr**eis 12
die Preise
das **Pr**eisaus-
schreiben
die **Pr**eiselbeere
die Preiselbeeren
preiswert
die **Pr**ellung
pressen
du preßt
er preßte
die **Pr**esse
die Pressen
der **Pr**eßluftbohrer
der **Pr**iester
prima 6
der **Pr**inz
die Prinzen
die **Pr**inzessin
die Prinzessinnen
das **Pr**inzip
die Prinzipien
die **Pr**ise
privat
die **Pr**obe
die Proben
probieren
du probierst
das **Pr**oblem
die Probleme
der **Pr**ofi
die Profis

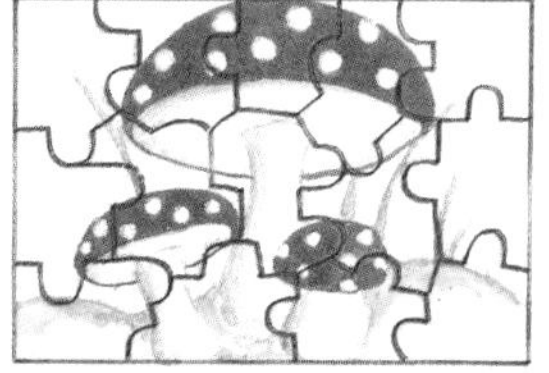

das **Pr**ogramm 16
die Programme
die **Pr**ogrammzeit-
schrift 16
der **Pr**opeller
der **Pr**ophet
die Propheten
der **Pr**ospekt
die Prospekte
der **Pr**otest
die Proteste
protestieren
du protestierst
der **Pr**oviant
das **Pr**ozent
die Prozente
der **Pr**ozeß
die Prozesse
prüfen
du prüfst
er prüfte
die **Pr**üfung
der **Pr**ügel

Ps

der **Ps**alm
die Psalmen
pst! 54

Pu

das **Pu**blikum
der **Pu**dding
die Puddinge
(die Puddings)
der **Pu**del
pudelwohl

der **Pu**der
der **Pu**ffer
der **Pu**lli
die Pullis
der **Pu**llover 26
der **Pu**ls
das **Pu**lver
die **Pu**mpe
die Pumpen
der **Pu**nkt
die Punkte
pünktlich
die **Pü**nktlichkeit
die **Pu**pille
die Pupillen
die **Pu**ppe
die Puppen
pur
der **Pu**rzelbaum
die Purzelbäume
pusten 18
du pustest
er pustete
die **Pu**te
die Puten
der **Pu**ter
putzen 24
du putzt
er putzte
das **Pu**zzle
die Puzzles

Py

der **Py**jama
die Pyjamas
die **Py**ramide
die Pyramiden

Qq *Qq*

Qua

das **Qua**drat
die Quadrate
quälen
du quälst
er quälte
die **Qua**lität
der **Qu**alm 14
qualvoll
der **Qua**rk
das **Qua**rtett
die Quartette
der **Qua**rz
der **Qua**tsch 30

Que

das **Que**cksilber
die **Que**lle
quer
die **Que**tschung

Qui

quieken 8
du quiekst
er quiekte
die **Qui**tte
die Quitten
die **Qui**ttung
das **Qui**z

Rr *Rr*

Ra

der **Ra**batt
die **Ra**batte
die Rabatten
der **Ra**be
die Raben
rabiat
die **Ra**che
der **Ra**chen
sich **rä**chen
du rächst dich
er rächte sich
das **Ra**d
die Räder
der **Ra**dar (das)
der **Ra**dau
radeln
du radelst
er radelte
der **Ra**dfahrer
radieren
du radierst
er radierte
der **Ra**diergummi 42
die Radiergummis
das **Ra**dieschen
radikal
das **Ra**dio
die Radios
das **Ra**diogerät 16
die Radiogeräte
raffiniert
der **Ra**hm
der **Ra**hmen
die **Ra**kete 22
die Raketen
die **Ra**nch
der **Ra**nd
die Ränder
der **Ra**ng
die Ränge
rangieren
du rangierst
der **Ra**nzen
der **Ra**ppe
die Rappen
der **Ra**ps
rar
rasch
rascher
am rasch(e)sten
rascheln 54
du raschelst
er raschelte
der **Ra**sen
rasen
du rast
er raste
rasend
die **Ra**serei
der **Ra**sierapparat
sich **ra**sieren
du rasierst dich
er rasierte sich
die **Ra**sse
die Rassen
rasseln 36
du rasselst
er rasselte
die **Ra**st
der **Ra**t
die **Ra**te
die Raten
raten
du rätst
er riet
das **Ra**thaus
die Rathäuser
ratlos
das **Rä**tsel
rätselhaft
die **Ra**tte
die Ratten
der **Ra**ttenfänger
rattern
es rattert
es ratterte
der **Ra**ub
rauben
du raubst
er raubte
der **Rä**uber
das **Ra**ubtier
die Raubtiere
der **Ra**uch 20
rauchen
du rauchst
er rauchte
der **Ra**ucher
rauchig
raufen 44
du raufst
er raufte
rauflustig
rauh 38
rauher
am rauh(e)sten

der **Ra**uhreif
der **Ra**um
die Räume
der **Ra**umanzug 26
die Raumanzüge
der **Ra**umfahrer
die **Ra**umfahrt
das **Ra**umschiff
die **Ra**upe
die Raupen
rauschen
es rauscht
es rauschte
sich **rä**uspern
du räusperst dich
er räusperte sich
die **Ra**violi
die **Ra**zzia
die Razzien
(die Razzias)

Re

die **Re**aktion
die Reaktionen
rebellisch
das **Re**bhuhn
die Rebhühner
der **Re**chen 38
das **Re**chenheft 42
die Rechenhefte
die **Re**chen-maschine 6
rechnen 42
du rechnest
er rechnete
die **Re**chnung
recht haben
das **Re**cht
die Rechte
die **re**chte Hand
das **Re**chteck
die Rechtecke
rechts
der **Re**chtsanwalt
der **Re**chtsaußen
die **Re**chtschreibung
der **Re**chtshänder
rechtzeitig 6
das **Re**ck
die Recke
(die Recks)
sich **re**cken
du reckst dich
er reckte sich
der **Re**dakteur
die Redakteure
die **Re**daktion
die Redaktionen
die **Re**de
die Reden
reden
du redest
er redete
redlich
der **Re**dner
redselig
die **Re**ederei
die **Re**form
die Reformen
das **Re**gal
die Regale
die **Re**gatta
rege
reger
am regsten
die **Re**gel
die Regeln
regelmäßig
sich **re**gen
du regst dich
er regte sich
der **Re**gen
der **Re**genbogen
der **Re**genmantel 56
die Regenmäntel
der **Re**genschirm 56
die Regenschirme
die **Re**gentonne 56
die Regentonnen
der **Re**genwurm
die Regenwürmer
die **Re**gierung
der **Re**gisseur
regnen 56
es regnet
es regnete
regnerisch
das **Re**h
die Rehe
der **Re**hbock 54
die Rehböcke
reiben
du riebst
er rieb
reich
reicher
am reichsten
das **Re**ich
die Reiche
reichen
du reichst
mir reicht's!
er reichte

reichlich
der **Re**ichtum
die Reichtümer
reif
der **Re**if
der **Re**ifen
reiflich
der **Re**igen
die **Re**ihe
die Reihen
die **Re**ihenfolge
reihenweise
der **Re**iher
der **Re**im
die Reime
sich **re**imen
es reimt sich
es reimte sich
rein
ins **re**ine schreiben
reingefallen!
reinigen
du reinigst
er reinigte
die **Re**inigung
reinlich
der **Re**is
der **Re**isbrei
die **Re**ise
die Reisen
das **Re**isebüro
die Reisebüros
reisen
du reist
er reiste
der **Re**isende
die Reisenden
das **Re**isig 20

reißen
du reißt
er reißt
er riß
sie rissen
reiß!
reißt!
der **Re**ißnagel
die Reißnägel
der **Re**ißverschluß 26
die Reißverschlüsse
die **Re**ißzwecke 18
die Reißzwecken
reiten 22
du reitest
er ritt
der **Re**iter
der **Re**iz
reizbar
reizen
das reizt mich
das reizte mich
reizend
die **Re**klame
der **Re**kord
die Rekorde
der **Re**ktor
die Rektoren
die **Re**ktorin
die Rektorinnen
relativ
die **Re**ligion
die Religionen
religiös
rennen 44
du rennst
er rannte
das **Re**nnen

der **Re**nnfahrer
der **Re**nnwagen
die **Re**nte
die Renten
der **Re**ntner
die **Re**paratur
die Reparaturen
reparieren
du reparierst
er reparierte
der **Re**porter
die **Re**serve
die Reserven
der **Re**spekt
der **Re**st
die Reste
das **Re**staurant
die Restaurants
restlos
retten
du rettest
er rettete
der **Re**ttich
die Rettiche
die **Re**ttung
das **Re**ttungsboot
der **Re**ttungshub-
schrauber
die **Re**ue
reumütig
die **Re**vanche
das **Re**vier
die Reviere
die **Re**volution
der **Re**volver
das **Re**zept
die Rezepte
der **Re**zeptblock 32

Rh

der **Rh**abarber
das **Rh**euma
der **Rh**ythmus
die Rhythmen

Ri

der **Ri**chtbaum 10
richten
du richtest
er richtete
der **Ri**chter
das **Ri**chtfest
richtig
die **Ri**chtung
riechen 28
du riechst
er roch
der **Ri**egel
der **Ri**emen
der **Ri**ese
die Riesen
rieseln
es rieselt
es rieselte
die **Ri**esenkraft 10
riesig
die **Ri**lle
die Rillen
das **Ri**nd
die Rinder
die **Ri**nde 54
die Rinden
das **Ri**ndfleisch
der **Ri**ng
die Ringe
die **Ri**ngelnatter
die Ringelnattern
ringen
du ringst
er rang
sie hat gerungen
der **Ri**ngkampf
ringsherum
die **Ri**nne
die Rinnen
der **Ri**nnstein
die **Ri**ppe
die Rippen
rirarutsch!
das **Ri**siko
die Risikos
(die Risiken)
riskant
der **Ri**ß
die Risse
rissig
der **Ri**tt
der **Ri**tter
die **Ri**tze
die Ritzen
der **Ri**vale
die Rivalen

Ro

die **Ro**bbe
die Robben
der **Ro**boter
robust
der **Ro**ck
die Röcke
die **Ro**ckmusik
die **Ro**delbahn
rodeln
du rodelst
er rodelte
roden
du rodest
er rodete
der **Ro**deo (das)
der **Ro**ggen
roh
roher
am roh(e)sten
die **Ro**heit
die **Ro**hkost
das **Ro**hr
die Rohre
die **Rö**hre
die Röhren
der **Ro**hstoff
die Rohstoffe
der **Ro**lladen
die Rolläden
die **Ro**lle 46
die Rollen
rollen 22
du rollst
er rollte
der **Ro**ller
der **Ro**llkragen
der **Ro**llmops
die Rollmöpse
die **Ro**llschuhe
der **Ro**llstuhl
der **Ro**man
die Romane
das **Rö**ntgenbild
rosa
die **Ro**se
die Rosen

rosig 28
die **Ro**sine
die Rosinen
das **Ro**ß
die Rosse
der **Ro**st
rosten
es rostet
es rostete
rostig
rot 20
roter (röter)
am rotesten (rötesten)
die **Rö**teln
das **Ro**tkehlchen
rötlich
die **Ro**ulade
die Rouladen
die **Ro**utine

Ru

rubbeln 14
du rubbelst
er rubbelte
die **Rü**be
die Rüben
der **Ru**ck
rücken
du rückst
er rückte
der **Rü**cken
die **Rü**ckfahrt
die **Rü**ckkehr
das **Rü**cklicht
der **Ru**cksack
die Rucksäcke
die **Rü**cksicht
rücksichtslos
rücksichtsvoll 50
der **Rü**ckstrahler
der **Rü**cktritt
rückwärts
der **Rü**ckweg
das **Ru**del
das **Ru**der
der **Ru**derer
rudern
du ruderst
er ruderte
rufen
du rufst
er rief
der **Rü**ffel
das **Ru**gby
die **Rü**ge
die Rügen
die **Ru**he 48
ruhig 54
der **Ru**hm
rühren 32
du rührst
er rührte
rührend
die **Rü**hrschüssel 32
die **Ru**ine
die Ruinen
rülpsen
du rülpst
er rülpste
der **Ru**mmel
der **Ru**mmelplatz
rumoren 24
du rumorst
er rumorte
die **Ru**mpelkammer
rumpeln
es rumpelt
es rumpelte
der **Ru**mpf
die Rümpfe
rund
runder
am rundesten
die **Ru**nde
die Runden
der **Ru**ndfunk
rundherum
rundlich
die **Ru**nkelrübe
die Runkelrüben
die **Ru**nzel
die Runzeln
runzeln
du runzelst
er runzelte
runzlig
der **Rü**pel
rüpelhaft
der **Ru**ß
der **Rü**ssel
rußig 14
rüstig
die **Rü**stung
die **Ru**te
die Ruten
guten **Ru**tsch!
die **Ru**tschbahn
die **Ru**tsche
rutschen 44
du rutschst
er rutschte

Ss *Ss*

Sa

der **Sa**al
die Säle
die **Sa**at
die Saaten
sabbern
du sabberst
er sabberte
der **Sä**bel
die **Sa**che
die Sachen
die **Sa**chkunde
sachlich
sächlich
die **Sa**chlichkeit
sacht(e)
sachter
am sachtesten
der **Sa**ck
die Säcke
mit **Sa**ck und Pack
die **Sa**ckgasse
das **Sa**ckhüpfen
säen 38
du säst
er säte
die **Sa**fari
die Safaris
der **Sa**ft
die Säfte
saftig
die **Sa**ge
die Sagen
die **Sä**ge
die Sägen
sagen
du sagst
er sagte
sägen
du sägst
er sägte
sagenhaft
die **Sa**hne
die **Sa**ison
die **Sa**ite 36
die Saiten
der **Sa**lamander
die **Sa**lami
der **Sa**lat 38
die Salate
die **Sa**lbe 30
die Salben
der **Sa**lon
die Salons
salopp
der **Sa**lto
die Saltos
das **Sa**lz 32
salzen
du salzt
er salzte
salzig
der **Sa**me(n)
die Samen
das **Sa**menkorn
die Samenkörner
sammeln
du sammelst
er sammelte
der **Sa**mmler
die **Sa**mmlung
der **Sa**mstag
samstags
der **Sa**mt
die Samte
samtig
sämtlich
der **Sa**nd 10
die **Sa**ndale
die Sandalen
der **Sa**ndkasten
die Sandkästen
das **Sa**ndmännchen
die **Sa**nduhr 62
die Sanduhren
das **Sa**ndwich (der)
die Sandwich(e)s
sanft
sanfter
am sanftesten
sanftmütig
der **Sä**nger
die **Sä**ngerin
die Sängerinnen
die **Sa**rdelle
die Sardellen
die **Sa**rdine
die Sardinen
der **Sa**rg
die Särge
der **Sa**tellit
die Satelliten
satt 32
satter
am sattesten
der **Sa**ttel
die Sättel

satteln
du sattelst
er sattelte
der **Sa**ttler
der **Sa**tz
die Sätze
die **Sa**u
die Säue
sauber 24
die **Sa**uberkeit
säubern
du säuberst
er säuberte
sauer
saurer
am sauersten
die **Sa**uerkirsche
die Sauerkirschen
das **Sa**uerkraut
säuerlich
der **Sa**uerstoff
saufen
du säufst
er soff
der **Sa**ugbagger
saugen
du saugst
er saugte
säugen
sie säugt
sie säugte
der **Sa**uger
das **Sä**ugetier
die Säugetiere
der **Sä**ugling
die Säuglinge
die **Sä**ule
die Säulen

der **Sa**um
die Säume
säumen
du säumst
er säumte
die **Sa**una
die **Sä**ure
die Säuren
der **Sa**urier
sausen
du saust
er sauste
das **Sa**xophon
die Saxophone

Sch

Scha

schaben
du schabst
er schabte
der **Scha**bernack
schäbig
die **Scha**blone
die Schablonen
das **Scha**ch(spiel)
schachmatt
der **Scha**cht
die Schächte
die **Scha**chtel
die Schachteln
schade!
der **Schä**del
der **Schä**delbruch
der **Scha**den
die Schäden

schaden
es schadet
es schadete
die **Scha**denfreude
schadenfroh
schädigen
du schädigst
er schädigte
der **Schä**dling
das **Scha**f
die Schafe
das **Schä**fchen
der **Schä**fer
der **Schä**ferhund
die Schäferhunde
schaffen 6
du schaffst
er schaffte
geschafft!
der **Scha**ffner
der **Scha**l 26
die Schals
die **Scha**le
die Schalen
schälen
du schälst
er schälte
der **Scha**ll
schallen
es schallt
es schallte
die **Scha**llplatte
die Schallplatten
schalten
du schaltest
er schaltete
der **Scha**lter
das **Scha**ltjahr

der **Scha**ltknopf 16
die Schaltknöpfe
die **Scha**ltung
die **Scha**m
sich **schä**men
du schämst dich
er schämte sich
schamlos
die **Scha**nde
der **Scha**ndfleck
die **Scha**nze
die Schanzen
die **Scha**r
die Scharen
scharf
schärfer
am schärfsten
die **Schä**rfe
schärfen
du schärfst
er schärfte
der **Scha**rlach
das **Scha**rnier
die Scharniere
scharren
du scharrst
er scharrte
das **Scha**schlik
der **Scha**tten
schattig 58
der **Scha**tz
die Schätze
das **Schä**tzchen
schätzen
du schätzt
er schätzte
schätzungsweise
die **Scha**u

der **Scha**uder
schauderhaft
schauen
du schaust
er schaute
der **Scha**uer
die **Scha**ufel 10
die Schaufeln
schaufeln 10
du schaufelst
er schaufelte
das **Scha**ufenster 12
die **Scha**ukel 44
die Schaukeln
schaukeln 44
du schaukelst
er schaukelte
das **Scha**ukelpferd
die Schaukelpferde
der **Scha**um
schäumen
es schäumt
es schäumte
der **Scha**umgummi
der **Scha**umstoff
schaurig
das **Scha**uspiel
der **Scha**uspieler 46
die **Scha**uspielerin
die Schauspie-
lerinnen

Sche

der **Sche**ck
die Schecks
die **Sche**ibe
die Scheiben

die **Sche**ide 28
sich **sche**iden lassen
er läßt sich
scheiden
sie ließ sich
scheiden
die **Sche**idung
der **Sche**in
die Scheine
scheinen
sie scheint
sie schien
sie hat geschienen
der **Sche**inwerfer
der **Sche**itel
scheitern
du scheiterst
er scheiterte
die **Sche**lle
die Schellen
das **Sche**llen-
tamburin 36
der **Sche**lm
die Schelme
schelten
du schiltst
er schalt
sie hat gescholten
der **Sche**mel
der **Sche**nkel
schenken 52
du schenkst
er schenkte
scheppern
es scheppert
es schepperte
die **Sche**rbe
die Scherben

die **Sch**ere 42
die Scheren
der **Sch**erz
die Scherze
scherzen
du scherzt
er scherzte
scherzhaft
scheu
scheuer
am scheu(e)sten
scheuen
du scheust
er scheute
die **Sch**euklappe
die Scheuklappen
die **Sch**eune
die Scheunen
das **Sch**eunentor
das **Sch**eusal
scheußlich

Schi

die **Schi**cht
die Schichten
schick
schicken
du schickst
er schickte
das **Schi**cksal
die Schicksale
schieben 10
du schiebst
er schob
der **Schi**edsrichter
schief
der **Schi**efer
schielen
du schielst
er schielte
das **Schi**enbein
die **Schi**ene
die Schienen
schießen
du schießt
er schoß
sie hat geschossen
das **Schi**ff
die Schiffe
die **Schi**kane
die Schikanen
das **Schi**ld
die Schilde
das **Schi**ld
die Schilder
schildern
du schilderst
er schilderte
die **Schi**lderung
die **Schi**ldkröte 24
die Schildkröten
das **Schi**lf
der **Schi**mmel
schimm(e)lig
schimmeln
es schimmelt
es schimmelte
schimmern
es schimmert
es schimmerte
der **Schi**mpanse
die Schimpansen
schimpfen
du schimpfst
er schimpfte
der **Schi**nken
der **Schi**rm
die Schirme
Schiß haben

Schl

die **Schl**acht
die Schlachten
schlachten 8
du schlachtest
er schlachtete
der **Schl**achter
der **Schl**achthof
der **Schl**af
der **Schl**afanzug
die Schlafanzüge
die **Schl**äfe
die Schläfen
schlafen
du schläfst
er schlief
schlaff
du **Schl**afmütze!
schläfrig
das **Schl**afzimmer
der **Schl**ag
die Schläge
die **Schl**agader
schlagen
du schlägst
er schlug
der **Schl**ager
die **Schl**ägerei
schlagfertig
die **Schl**agsahne
die **Schl**agzeile
das **Schl**agzeug

der	**Schl**amassel
der	**Schl**amm
	so eine
	Schlamperei!
	schlampig
die	**Schl**ange
die	Schlangen
	schlank
	schlanker
am	schlankesten
das	**Schl**araffenland
	schlau
	schlauer
am	schlau(e)sten
der	**Schl**auch 20
die	Schläuche
das	**Schl**auchboot 48
die	Schlauchboote
du	**Schl**aumeier!
	schlecht
	schlechter
am	schlechtesten
	schlecken
du	schleckst
er	schleckte
die	**Schl**eckerei
	schleckig
die	**Schl**ehe
die	Schlehen
	schleichen 54
du	schleichst
er	schlich
der	**Schl**eier
die	**Schl**eife
die	Schleifen
	schleifen
du	schleifst
er	schliff
der	**Schl**eim
	schlemmen
du	schlemmst
er	schlemmte
	schlendern
du	schlenderst
	schleppen
du	schleppst
er	schleppte
sie	hat geschleppt
der	**Schl**epper
ins	**Schl**epptau
	nehmen
die	**Schl**euder
die	Schleudern
	schleudern
du	schleuderst
	schleunigst
die	**Schl**euse
die	Schleusen
	schlicht
	schlichter
am	schlichtesten
	schlichten
du	schlichtest
er	schlichtete
die	**Schl**ichtheit
	schlichtweg
	schließen
du	schließt
er	schloß
sie	hat geschlossen
das	**Schl**ießfach
die	Schließfächer
	schließlich
	schlimm
	schlimmer
am	schlimmsten
die	**Schl**inge 30
die	Schlingen
du	**Schl**ingel!
	schlingen
du	schlingst
er	schlang
sie	hat geschlungen
der	**Schl**ips
die	Schlipse
der	**Schl**itten
	schlittern
du	schlitterst
er	schlitterte
der	**Schl**ittschuh
die	Schlittschuhe
der	**Schl**itz
die	Schlitze
das	**Schl**oß
die	Schlösser
der	**Schl**osser
die	**Schl**ucht
die	Schluchten
	schluchzen
du	schluchzt
er	schluchzte
der	**Schl**uck
die	Schlucke
der	**Schl**uckauf
	schlucken
du	schluckst
er	schluckte
der	**Schl**ummer
	schlummern
du	schlummerst
er	schlummerte
	schlüpfen
du	schlüpfst
er	schlüpfte

der **Schl**üpfer
schlürfen
du schlürfst
er schlürfte
der **Schl**uß
die Schlüsse
der **Schl**üssel
die **Schl**üsselblume
die Schlüsselblumen
das **Schl**üsselloch

Schm

schmächtig
schmackhaft
schmal
schmaler
(schmäler)
am schmalsten
das **Schm**alz
schmatzen 8
du schmatzt
er schmatzte
schmecken 32
du schmeckst
er schmeckte
die **Schm**eichelei
schmeicheln
du schmeichelst
er schmeichelte
schmeißen
du schmeißt
er schmiß
sie hat geschmissen
schmelzen
du schmilzt
er schmolz
sie ist geschmolzen
der **Schm**erz 30
die Schmerzen
schmerzen 30
es schmerzt
es schmerzte
schmerzhaft
der **Schm**etterling
die Schmetterlinge
schmettern
du schmetterst
er schmetterte
der **Schm**ied
die Schmiede
die **Schm**iede
sich **schm**iegen
du schmiegst dich
er schmiegte sich
schmieren
du schmierst
er schmierte
die **Schm**inke
sich **schm**inken 46
du schminkst dich
er schminkte sich
der **Schm**öker
schmökern
du schmökerst
er schmökerte
schmollen
du schmollst
er schmollte
schmoren
du schmorst
er schmorte
der **Schm**uck
schmücken 18
du schmückst
er schmückte
schmudd(e)lig
schmuggeln
du schmuggelst
er schmuggelte
der **Schm**uggler
schmunzeln
du schmunzelst
er schmunzelte
schmusen
du schmust
er schmuste
der **Schm**utz
schmutzig 14

Schn

der **Schn**abel 24
die Schnäbel
die **Schn**ake
die Schnaken
die **Schn**alle
die Schnallen
schnallen
du schnallst
er schnallte
der **Schn**aps
die Schnäpse
schnarchen
du schnarchst
er schnarchte
schnattern
du schnatterst
er schnatterte
schnaufen
du schnaufst
er schnaufte
die **Schn**auze 24
die Schnauzen

die **Schn**ecke
die Schnecken
das **Schn**ecken-
haus 60
der **Schn**ee
der **Schn**eeball
die Schneebälle
die **Schn**eeflocke
die Schneeflocken
das **Schn**eegestöber
das **Schn**ee-
glöckchen
der **Schn**eemann
schneeweiß
schneiden
du schneidest
er schnitt
der **Schn**eider
die **Schn**eiderin
die Schneiderinnen
schneien
es schneit
es schneite
die **Schn**eise
die Schneisen
schnell 22
schneller
am schnellsten
der **Schn**ellzug
sich **schn**euzen
du schneuzt dich
er schneuzte sich
der **Schn**itt
die Schnitte
die **Schn**itte
die Schnitten
der **Schn**ittlauch
das **Schn**itzel
schnitzen
du schnitzt
er schnitzte
der **Schn**itzer
schnöde
der **Schn**orchel
der **Schn**örkel
schnüffeln 8
du schnüffelst
er schnüffelte
der **Schn**uller
schnuppern 24
du schnupperst
er schnupperte
die **Schn**ur 18
die Schnüre
wie am
Schnürchen
schnüren
du schnürst
er schnürte
der **Schn**urrbart 46
schnurren
sie schnurrt
der **Schn**ürsenkel

Scho

der **Scho**ck
die Schocks
schockierend
der **Schö**ffe
die Schöffen
die **Scho**kolade
die Schokoladen
die **Scho**lle
die Schollen
schon 62
schön 48
schöner
am schönsten
sich **scho**nen
du schonst dich
er schonte sich
die **Schö**nheit
die **Scho**nung
die **Scho**nzeit
schöpfen
du schöpfst
er schöpfte
die **Schö**pfung
der **Scho**rf
der **Scho**rnstein 14
die Schornsteine
der **Scho**rnsteinfeger
der **Scho**ß
die Schöße
die **Scho**te
die Schoten
der **Scho**tter

Schr

schräg
die **Schr**äge
die **Schr**amme
die Schrammen
der **Schr**ank
die Schränke
die **Schr**anke
die Schranken
die **Schr**aube
die Schrauben
schrauben
du schraubst
er schraubte

der **Schr**aubenzieher
der **Schr**aubstock
die Schraubstöcke
der **Schr**eck(en)
ach du **Schr**eck!
schreckhaft
schrecklich
der **Schr**ei
die Schreie
schreiben 42
du schreibst
er schrieb
das **Schr**eibheft 42
die Schreibhefte
die **Schr**eib-maschine 6
die Schreib-maschinen
der **Schr**eibtisch 6
die Schreibtische
schreien
du schreist
er schrie
sie hat geschrien
der **Schr**einer
die **Schr**einerei
schreiten
du schreitest
er schritt
die **Schr**ift
die Schriften
schriftlich
schrill
der **Schr**itt
die Schritte
der **Schr**ott
der **Schr**ottplatz

schrubben
du schrubbst
er schrubbte
schrumpfen
du schrumpfst
er schrumpfte

Schu

die **Schu**bkarre 10
der **Schu**bkarren
die **Schu**blade
die Schubladen
der **Schu**bs
(der Schups)
schüchtern 46
die **Schü**chternheit
schuften
du schuftest
er schuftete
der **Schu**h
die Schuhe
die **Schu**hcreme
der **Schu**hmacher
die **Schu**larbeiten
die **Schu**ld
die Schulden
du bist **schu**ld!
schuldig
schuldlos
die **Schu**le
die Schulen
der **Schü**ler 42
die **Schü**lerin 42
die Schülerinnen
das **Schu**ljahr
der **Schu**lranzen 42

die **Schu**lter
die Schultern
die **Schu**ltüte 42
die Schultüten
der **Schu**lweg
die **Schu**ppe
die Schuppen
der **Schu**ppen
schüren
du schürst
er schürte
die **Schü**rze 26
die Schürzen
der **Schu**ß
die Schüsse
die **Schü**ssel
die Schüsseln
der **Schu**ster
der **Schu**tt
der **Schü**ttelfrost
schütteln
du schüttelst
er schüttelte
schütten
du schüttest
er schüttete
der **Schu**tz
der **Schü**tze
die Schützen
schützen
du schützt
er schützte
der **Schu**tzhelm 10
die Schutzhelme
die **Schu**tzimpfung
der **Schu**tzmann
die Schutzmänner
(die Schutzleute)

Schw

	schwach
	schwächer
am	schwächsten
die	**Schw**äche
die	Schwächen
	schwächlich
der	**Schw**ager 52
die	Schwäger
die	**Schw**ägerin 52
die	Schwägerinnen
die	**Schw**albe
die	Schwalben
der	**Schw**amm
die	Schwämme
der	**Schw**an
die	Schwäne
	schwanger
die	**Schw**anger-schaft
	schwanken
du	schwankst
er	schwankte
der	**Schw**anz
die	Schwänze
	schwänzen
du	schwänzt
er	schwänzte
der	**Schw**arm
die	Schwärme
	schwärmen
du	schwärmst
er	schwärmte
die	**Schw**ärmerei
	schwarz
	schwärzer
am	schwärzesten
das	**Schw**arzbrot
	schwatzen
du	schwatzt
er	schwatzte
	schwätzen
du	schwätzt
er	schwätzte
der	**Schw**ätzer
	schwatzhaft
	schweben 22
du	schwebst
er	schwebte
der	**Schw**efel
	schweigen
du	schweigst
er	schwieg
das	**Schw**eigen
	schweigsam
das	**Schw**ein 8
die	Schweine
das	**Schw**einefleisch
die	**Schw**einerei 8
der	**Schw**eiß 58
	schweißen
du	schweißt
er	schweißte
die	**Schw**elle
die	Schwellen
	schwellen
es	schwillt
es	schwoll
die	**Schw**ellung
	schwenken
du	schwenkst
er	schwenkte
	schwer 10
	schwerer
am	schwersten
das	**Schw**ert
die	Schwerter
die	**Schw**ester 52
die	Schwestern
der	**Schw**ieger-sohn 52
die	**Schw**ieger-tochter 52
	schwierig
	schwieriger
am	schwierigsten
die	**Schw**ierigkeit
das	**Schw**immbad
	schwimmen 56
du	schwimmst
er	schwamm
sie	ist geschwom-men
die	**Schw**imm-flosse 48
die	Schwimmflossen
der	**Schw**immring 48
der	**Schw**indel
	schwind(e)lig
	schwingen
du	schwingst
er	schwang
sie	hat ge-schwungen
	schwitzen 58
du	schwitzt
er	schwitzte
das	**Schw**itze-wetter 58
	schwören
du	schwörst
er	schwor
	schwül 58

der **Schw**ung
die Schwünge
schwungvoll
der **Schw**ur
die Schwüre

Se

sechs
sechshundert
sechsmal
ein **Se**chstel
sechstens
sechsundsechzig
sechzehn
sechzig
der **See** 56
die Seen
die **See**
seekrank
die **See**krankheit
die **See**le
die Seelen
der **See**mann
die Seemänner
(die Seeleute)
das **Se**gel
das **Se**gelboot 48
die Segelboote
das **Se**gelflugzeug
die Segelflugzeuge
segeln 22
du segelst
er segelte
das **Se**gelschiff 22
die Segelschiffe
der **Se**gen
segensreich

sehen 16
du siehst
er sah
sieh!
seht!
sehenswert
die **Se**henswürdig-
keit
die **Se**hne
die Sehnen
sich **se**hnen
du sehnst dich
er sehnte sich
die **Se**hnsucht
sehnsüchtig
sehr
die **Sei**de
die Seiden
der **Sei**delbast
seidig
die **Sei**fe
die **Sei**fenblase
die Seifenblasen
die **Sei**fenkiste 22
die Seifenkisten
das **Sei**l
die Seile
die **Sei**lbahn
sein
du bist
ihr seid
er war
sie ist gewesen
sein Freund
seine Freundin
seit
die **Sei**te
die Seiten

seitenlang
seither
seitlich
die **Se**kretärin
die Sekretärinnen
der **Se**kt
die **Se**kte
die Sekten
die **Se**kunde
die Sekunden
der **Se**kunden-
zeiger 62
selber 46
selbst
selbständig
selbstverständ-
lich
selig
die **Se**ligkeit
der **Se**llerie
selten 14
die **Se**ltenheit
seltsam
das **Se**mester
die **Se**mmel
die Semmeln
senden 16, 40
du sendest
er sandte
sie hat gesandt
der **Se**nder
die **Se**ndung 16
der **Se**nf
die **Se**nke
die Senken
senken
du senkst
er senkte

	senkrecht
die	**Se**nsation
die	Sensationen
	sensationell
die	**Se**nse
die	Sensen
	sensibel
	servieren
du	servierst
er	servierte
die	**Se**rviette
die	Servietten
der	**Se**ssel
sich	**se**tzen
du	setzt dich
er	setzte sich
sie	hat sich gesetzt
die	**Se**uche
die	Seuchen
	seufzen
du	seufzt
er	seufzte
sie	hat geseufzt
der	**Se**ufzer

Sh

der	**Sh**eriff
die	Sheriffs
das	**Sh**etlandpony
die	**Sh**orts

Si

	sich
die	**Si**chel
die	Sicheln
	sicher
die	**Si**cherheit
	sicherlich
die	**Si**cherung
die	**Si**cht
	sichtbar
das	**Si**eb 46
die	Siebe
	sieben
du	siebst
er	siebte
	sieben
	siebenhundert
	siebenmal
	siebenundsiebzig
ein	**Si**ebtel
	siebtens
	siebzehn
	siebzig
	siedendheiß
der	**Si**edepunkt
der	**Si**edler
die	**Si**edlung
der	**Si**eg
die	Siege
das	**Si**egel
	siegen
du	siegst
er	siegte
der	**Si**eger
	siegreich
das	**Si**gnal
die	Signale
die	**Si**lbe
die	Silben
das	**Si**lbenrätsel
die	**Si**lbentrennung
das	**Si**lber
	silbern
der	**Si**lo (das)
die	Silos
der	**Si**lvester (das)
	simpel
	simpler
am	simpelsten
die	**Si**nfonie
(die	**Sy**mphonie)
	singen 36
du	singst
er	sang
sie	hat gesungen
die	**Si**ngle
der	**Si**ngular
der	**Si**ngvogel
die	Singvögel
	sinken
du	sinkst
er	sank
sie	ist gesunken
der	**Si**nn
die	Sinne
	sinnlos
	sinnvoll
die	**Si**rene
die	Sirenen
der	**Si**rup
die	**Si**tte
die	Sitten
die	**Si**tuation
die	Situationen
der	**Si**tz
die	Sitze
	sitzen
du	sitzt
er	saß
sie	ist gesessen
die	**Si**tzung

Sk

die **Sk**ala
die Skalen
der **Sk**alp
die Skalpe
der **Sk**andal
die Skandale
das **Sk**elett
die Skelette
der **Sk**at
skeptisch
der **Sk**i
(der Schi)
die Skier
(die Schier)
der **Sk**ifahrer
das **Sk**ilaufen
die **Sk**izze
die Skizzen
der **Sk**lave
die Sklaven
der **Sk**orpion
die Skorpione

Sl

der **Sl**alom
der **Sl**ip
die Slips

So

so
sobald
die **So**cke
die Socken
soeben
das **So**fa
die Sofas
sofort
das **So**ft-Eis
sogar
sogleich
die **So**hle
die Sohlen
der **So**hn 52
die Söhne
solange
der **So**ldat
die Soldaten
sollen
du sollst
er sollte
somit
der **So**mmer
die **So**mmersprossen
sonderbar
sondern
der **So**ng
die Songs
der **So**nnabend
sonnabends
die **So**nne
die Sonnen
sich **so**nnen 48
du sonnst dich
er sonnte sich
die **So**nnenblume 38
die Sonnenblumen
der **So**nnenblumen-
kern 38
die Sonnenblumen-
kerne
der **So**nnenbrand 48
die **So**nnenbrille 48
die **So**nnencreme 48
der **So**nnenschein
der **So**nnenschirm 48
sonnig
der **So**nntag
sonntags
sonst
der **So**pran
die **So**rge
die Sorgen
sorgen
du sorgst
er sorgte
die **So**rgfalt
sorgfältig
die **So**rte
die Sorten
sortieren
du sortierst
SOS funken
die **So**ße
die Soßen
das **So**uvenir
die Souvenirs
soviel
sowie
sowohl
sozial

Sp

der **Sp**achtel
der **Sp**agat
die **Sp**aghetti
der **Sp**alt
die Spalte
die **Sp**alte
die Spalten

	spalten
du	spaltest
er	spaltete
der	**Sp**an
die	Späne
die	**Sp**ange
die	Spangen
der	**Sp**aniel
die	Spaniels
der	**Sp**ankorb
die	Spankörbe
	spannen
du	spannst
er	spannte
	spannend 16
die	**Sp**annung
	sparen
du	sparst
er	sparte
der	**Sp**argel
	spärlich
	sparsam
der	**Sp**aß 24
die	Späße
	spaßeshalber
	spaßig
	spät 62
	später
am	spätesten
	spätestens
der	**Sp**aten 38
der	**Sp**atz
die	Spatzen
	spazieren
du	spazierst
er	spazierte
der	**Sp**aziergang
die	Spaziergänge
der	**Sp**aziergänger
der	**Sp**echt 54
die	Spechte
der	**Sp**eck
die	**Sp**edition
die	Speditionen
der	**Sp**eer
die	Speere
die	**Sp**eiche
die	Speichen
der	**Sp**eichel
der	**Sp**eicher
die	**Sp**eise
die	Speisen
	speisen
du	speist
er	speiste
die	**Sp**ende
die	Spenden
	spenden
du	spendest
er	spendete
der	**Sp**erling
die	Sperlinge
die	**Sp**erre
die	Sperren
	sperren
du	sperrst
er	sperrte
	spezial
der	**Sp**ezialist
die	Spezialisten
der	**Sp**iegel 46
das	**Sp**iel 64
die	Spiele
	spielen 48
du	spielst
er	spielte
der	**Sp**ieler
die	**Sp**ielerei
das	**Sp**ielhaus 60
die	**Sp**ielkarte
die	Spielkarten
der	**Sp**ielplatz 44
die	Spielplätze
die	**Sp**ielregel
die	Spielregeln
die	**Sp**ielsachen
das	**Sp**ielzeug
das	**Sp**ielzimmer 30
der	**Sp**ieß
die	Spieße
der	**Sp**inat
die	**Sp**inne
die	Spinnen
	spinnen
du	spinnst
er	spann
sie	hat gesponnen
der	**Sp**ion
die	Spione
die	**Sp**irale
die	Spiralen
	spitz
	spitzer
am	spitzesten
die	**Sp**itze
die	Spitzen
der	**Sp**itzname
die	Spitznamen
der	**Sp**litter
	splitternackt
	spontan
der	**Sp**ort
der	**Sp**ortler
	sportlich 26

der **Sp**ortplatz
die Sportplätze
der **Sp**ott
spotten
du spottest
er spottete
spöttisch
die **Sp**rache
die Sprachen
die **Sp**raydose
sprechen 34
du sprichst
er sprach
sie hat gesprochen
sprengen
du sprengst
er sprengte
das **Sp**richwort
die Sprichwörter
der **Sp**ringbrunnen
springen 44
du springst
er sprang
sie ist gesprungen
der **Sp**rit
die **Sp**ritze 30
die Spritzen
spritzen 56
du spritzt
er spritzte
die **Sp**rossen-
wand 44
der **Sp**ruch
die Sprüche
der **Sp**rudel
der **Sp**rung
die Sprünge
die **Sp**ucke
spucken
du spuckst
er spuckte
der **Sp**uk
spülen
du spülst
er spülte
die **Sp**ur
die Spuren
spüren 56
du spürst
er spürte

St

Sta

der **Sta**at
die Staaten
staatlich
der **Sta**atsbürger
der **Sta**b
die Stäbe
stabil
der **Sta**chel
die Stacheln
die **Sta**chelbeere
die Stachelbeeren
der **Sta**cheldraht
stach(e)lig
das **Sta**dion
die Stadien
die **Sta**dt 60
die Städte
städtisch
die **Sta**ffel
die Staffeln
der **Sta**hl
der **Sta**ll 8
die Ställe
der **Sta**mm
die Stämme
stampfen
du stampfst
er stampfte
der **Sta**nd 18
die Stände
standhaft
ständig
die **Sta**nge
die Stangen
der **Sta**pel
stapeln
du stapelst
er stapelte
stapfen
du stapfst
er stapfte
der **Sta**r
die Stare
der **Sta**r
die Stars
stark
stärker
am stärksten
die **Stä**rkung
starr
starren
du starrst
er starrte
der **Sta**rt
die Starts
starten 22
du startest
er startete

die **Sta**rtrampe 22
die **Sta**tion
die Stationen
statt
der **Sta**u
die Staus
der **Sta**ub
staubig
der **Sta**ubsauger
der **Sta**udamm
die Staudämme
die **Sta**ude
die Stauden
staunen 28
du staunst
er staunte

Ste

stechen
du stichst
er stach
sie hat gestochen
der **Ste**ckbrief
die **Ste**ckdose 14
die Steckdosen
stecken
du steckst
er steckte
der **Ste**cken
das **Ste**ckenpferd
der **Ste**cker 14
die **Ste**cknadel
der **Ste**g
die Stege
stehen 8
du stehst
er stand

stehlen
du stiehlst
er stahl
sie hat gestohlen
steif
steifer
am steifsten
steigen
du steigst
er stieg
steil
steiler
am steilsten
der **Ste**in 10
die Steine
die **Ste**lle
die Stellen
stellen
du stellst
er stellte
die **Ste**lze
die Stelzen
stemmen 44
du stemmst
er stemmte
der **Ste**mpel
stempeln
du stempelst
er stempelte
der **Ste**ngel 38
die **Ste**ppe
die Steppen
sterben
du stirbst
er starb
sie ist gestorben
der **Ste**rn
die Sterne

stets
das **Ste**uer (die)
die Steuern

Sti

der **Sti**ch
die Stiche
die **Sti**chprobe
die Stichproben
sticken
du stickst
er stickte
der **Sti**efel 26
die **Sti**efmutter 52
das **Sti**efmütterchen
der **Sti**efvater 52
der **Sti**el 38
die Stiele
der **Sti**er
die Stiere
der **Sti**ft
die Stifte
die **Sti**ftung
der **Sti**l
still 54
stiller
am stillsten
die **Sti**lle
die **Sti**mme
die Stimmen
die **Sti**mmung
stinken 8
du stinkst
er stank
sie hat gestunken
die **Sti**rn
die Stirnen

Sto

der **Sto**ck 20
die Stöcke
die **Stö**ckel-
schuhe 46
der **Sto**ff
die Stoffe
stöhnen
du stöhnst
er stöhnte
stolpern
du stolperst
er stolperte
der **Sto**lz
stolz
stolzer
am stolzesten
stopfen
du stopfst
er stopfte
stoppen 50
du stoppst
er stoppte
das **Sto**ppschild
die Stoppschilder
der **Stö**psel
der **Sto**rch
die Störche
stören 64
du störst
er störte
der **Sto**ß
die Stöße
stoßen
du stößt
er stieß
sie hat gestoßen
die **Sto**ßstange 50
die Stoßstangen
stottern
du stotterst
er stotterte

Str

die **Str**afe
die Strafen
strafen
du strafst
er strafte
der **Str**ahl
die Strahlen
strahlen
du strahlst
er strahlte
strahlend 58
die **Str**ähne
die Strähnen
stramm
strampeln 28
du strampelst
er strampelte
der **Str**and 48
die Strände
der **Str**andkorb 48
die **Str**apaze
die Strapazen
die **Str**aße 50
die Straßen
die **Str**aßenbahn
das **Str**aßenfest 18
der **Str**auch
die Sträucher
der **Str**auß
die Sträuße
der **Str**auß
die Strauße
streben
du strebst
er strebte
der **Str**eber
die **Str**ecke
die Strecken
der **Str**eich
die Streiche
streicheln 24
du streichelst
er streichelte
streichen
du streichst
er strich
das **Str**eichholz 20
die Streichhölzer
streifen
du streifst
er streifte
der **Str**eik
die Streiks
streiken
du streikst
er streikte
der **Str**eit
streiten
du streitest
er stritt
streng
strenger
am strengsten
die **Str**enge
der **Str**eß 6
streuen
du streust
er streute

der **Str**ich
die Striche
der **Str**ick
die Stricke
stricken
du strickst
er strickte
die **Str**icknadel
die Stricknadeln
das **Str**oh 8
der **Str**ohhalm
die Strohhalme
der **Str**om 14
die Ströme
strömen 56
du strömst
er strömte
die **Str**ömung
die **Str**ophe
die Strophen
der **Str**udel
der **Str**umpf
die Strümpfe

Stu

die **Stu**be
die Stuben
das **Stü**ck
die Stücke
der **Stu**dent
die Studenten
die **Stu**dentin
die Studentinnen
studieren
du studierst
das **Stu**dium
die Studien

die **Stu**fe
die Stufen
der **Stu**hl 60
die Stühle
stumm
stumpf
die **Stu**nde
die Stunden
der **Stu**ndenplan 62
die **Stu**ndenpläne
der **Stu**ndenzeiger 62
stündlich
stur
der **Stu**rm
die Stürme
stürmisch 58
der **Stu**rz
die Stürze
stürzen
du stürzt
er stürzte
sie ist gestürzt
der **Stu**rzhelm 50
die Sturzhelme
die **Stu**te
die Stuten
die **Stü**tze
die Stützen
stützen
du stützt
er stützte
stutzig

Su

das **Su**bstantiv
die Substantiva
(die Substantive)

subtrahieren
du subtrahierst
die **Su**btraktion
suchen
du suchst
er suchte
der **Sü**den
südlich
die **Su**mme
die Summen
summen
du summst
er summte
der **Su**mpf
die Sümpfe
sumpfig
die **Sü**nde
die Sünden
der **Su**permarkt 12
die Supermärkte
die **Su**ppe
die Suppen
süß
süßer
am süßesten
die **Sü**ßigkeit
süßlich

Sy

sympathisch
das **Sy**stem
die Systeme

Sz

die **Sz**ene
die Szenen

Tt *Tt*

Ta

der **Ta**bak
die **Ta**belle
die Tabellen
das **Ta**blett
die Tabletts
(die Tablette)
die **Ta**blette 30
die Tabletten
das **Ta**chometer
der Tacho(meter)
die Tachos
der **Ta**del
tadellos
tadeln
du tadelst
er tadelte
die **Ta**fel 42
die Tafeln
der **Ta**ft
der **Ta**g
die Tage
das **Ta**gebuch
die Tagebücher
tagelang
täglich
tagsüber
tagtäglich
die **Ta**gung
die **Ta**ille
die Taillen
der **Ta**kt 36
die Takte
die **Ta**ktik
die Taktiken
taktisch
taktlos
der **Ta**ktstock
die Taktstöcke
taktvoll
das **Ta**l
die Täler
der **Ta**lar
die Talare
das **Ta**lent
die Talente
talentiert
der **Ta**ler
der **Ta**lg
der **Ta**lisman
die Talismane
die **Ta**lsperre
die Talsperren
das **Ta**mburin
die Tamburine
das **Ta**ndem
die Tandems
der **Ta**nk
die Tanks
tanken
du tankst
er tankte
der **Ta**nker
die **Ta**nkstelle
die Tankstellen
die **Ta**nne
die Tannen
der **Ta**nnenbaum
die Tannenbäume
die **Ta**nnennadel
die Tannennadeln
der **Ta**nnenzapfen
der **Ta**nnenzweig
die Tannenzweige
die **Ta**nte 52
die Tanten
der **Ta**nz
die Tänze
tänzeln
du tänzelst
er tänzelte
tanzen
du tanzt
er tanzte
der **Tä**nzer
die **Tä**nzerin
die Tänzerinnen
die **Ta**pete
die Tapeten
tapezieren
du tapezierst
er tapezierte
tapfer 30
tapferer
am tapfersten
die **Ta**pferkeit
tappen
du tappst
er tappte
tapsig
der **Ta**rif
die Tarife
sich **ta**rnen
du tarnst dich
er tarnte sich
die **Ta**rnkappe
die Tarnkappen

die **Ta**rnung
das **Tä**schchen
die **Ta**sche
die Taschen
das **Ta**schenbuch
die Taschenbücher
das **Ta**schengeld
das **Ta**schentuch
die Taschentücher
die **Ta**sse 32
die Tassen
die **Ta**ste 16, 36
die Tasten
tasten
du tastest
er tastete
die **Ta**t
die Taten
der **Tä**ter
tätig
die **Tä**tigkeit
tatkräftig
tätowiert
die **Tä**towierung
die **Ta**tsache
die Tatsachen
tatsächlich
tätscheln
du tätschelst
er tätschelte
die **Ta**tze
die Tatzen
das **Ta**u
die Taue
der **Ta**u
taub
die **Ta**ube
die Tauben
der **Ta**ubenschlag
die **Ta**ubnessel
die Taubnesseln
taubstumm
tauchen
du tauchst
er tauchte
der **Ta**ucher
die **Ta**ucherbrille
die Taucherbrillen
tauen
es taut
es taute
die **Ta**ufe
die Taufen
taufen
er tauft
er taufte
der **Tä**ufling
der **Ta**ufpate
die Taufpaten
die **Ta**ufpatin
die Taufpatinnen
taugen
das taugt nichts!
es taugte
tauglich
taumeln
du taumelst
er taumelte
der **Ta**usch
tauschen
du tauschst
er tauschte
täuschen
du täuschst
er täuschte
die **Tä**uschung
tausend
tausenderlei
tausendfach
der **Ta**usendfüß(l)er
tausendmal
das **Ta**uwetter
das **Ta**xi
die Taxis

Te

das **Te**ak(holz)
das **Te**am
die Teams
die **Te**chnik
die Techniken
der **Te**chniker
technisch
der **Te**ddy 30
die Teddys
der **Te**e
die Tees
das **Te**e-Ei
die **Te**ekanne
die Teekannen
der **Te**ekessel
der **Te**elöffel
der **Te**enager
der **Te**er
teeren
er teert
er teerte
der **Te**ich 56
die Teiche
der **Te**ig 32
die Teige
der **Te**il (das)
die Teile

teilbar
teilen
du teilst
er teilte
die **Te**ilnahme
teilnahmslos
teilnehmen
▷ nehmen
er hat teilgenommen
der **Te**ilnehmer
teils
die **Te**ilung
teilweise
das **Te**lefon 6
die Telefone
der **Te**lefonapparat
die Telefonapparate
das **Te**lefonbuch 40
die Telefonbücher
der **Te**lefonhörer 40
telefonieren 40
du telefonierst
das **Te**lefonkabel
die **Te**lefonnummer 40
die **Te**lefonschnur
die **Te**lefonzelle 40
die Telefonzellen
telegrafieren
du telegrafierst
er telegrafierte
das **Te**legramm
die Telegramme
der **Te**ller
der **Te**mpel
das **Te**mperament
die Temperamente

temperamentvoll
die **Te**mperatur
die Temperaturen
das **Te**mpo
die Tempos
(die Tempi)
die **Te**ndenz
die Tendenzen
das **Te**nnis
der **Te**nnisplatz
die Tennisplätze
der **Te**nnisschläger
der **Te**nor
die Tenöre
der **Te**ppich
die Teppiche
der **Te**rmin
die Termine
der **Te**rminkalender 6
das **Te**rrarium
die Terrarien
die **Te**rrasse
die Terrassen
das **Te**rritorium
die Territorien
der **Te**rror
terrorisieren
du terrorisierst
er terrorisierte
der **Te**rrorismus
der **Te**rrorist
die Terroristen
der **Te**st
die Tests
das **Te**stament
teuer 12
teurer
am teuersten

der **Te**ufel
teuflisch
der **Te**xt
die Texte
die **Te**xtilien

Th

das **Th**eater 46
das **Th**eaterstück 46
die **Th**eke
die Theken
das **Th**ema
die Themen
die **Th**eologie
theoretisch
die **Th**eorie
die Theorien
die **Th**erapie
das **Th**ermometer 58
die **Th**ermosflasche
die Thermosflaschen
die **Th**ese
die Thesen
der **Th**riller

Ti

ticken
sie tickt
sie tickte
das **Ti**cket
die Tickets
tief
tiefer
am tiefsten
die **Ti**efe
die Tiefen

tiefgekühlt
die **Ti**efkühltruhe
das **Ti**er 54
die Tiere
der **Ti**erarzt
die Tierärzte
die **Ti**erquälerei
der **Ti**erschutz
der **Ti**ger
die **Ti**nte
die Tinten
das **Ti**ntenfaß
die Tintenfässer
der **Ti**ntenfisch
die Tintenfische
der **Ti**ntenkiller
der **Ti**ntenklecks
die Tintenkleckse
der **Ti**p
die Tips
tippeln
du tippelst
er tippelte
tippen
du tippst
er tippte
tipptopp
der **Ti**sch 60
die Tische
der **Ti**schler
die **Ti**schlerei
das **Ti**schtennis
der **Ti**tel

To

der **To**ast
die Toasts
der **To**aster
toben
du tobst
er tobte
der **To**bsuchts-anfall
die **To**chter 52
die Töchter
der **To**d
tödlich
todmüde
das **To**huwabohu
die **To**ilette
die Toiletten
das **To**iletten-papier 12
tolerant
die **To**leranz
toll 20
toller
am tollsten
tollen
du tollst
er tollte
tollkühn
die **To**llwut
tollwütig
tolpatschig
der **To**mahawk
die Tomahawks
die **To**mate
die Tomaten
die **To**mbola
der **To**n
die Tone
der **To**n
die Töne
die **To**nart
das **To**nbandgerät
die Tonbandgeräte
tönen
es tönt
es tönte
der **To**nfilm
die Tonfilme
die **To**nleiter
die **To**nne
die Tonnen
der **To**pf
die Töpfe
der **Tö**pfer
die **Tö**pferei
der **To**pflappen 32
das **To**r
die Tore
der **To**r
die Toren
der **To**rero
die Toreros
der **To**rf
töricht
torkeln
du torkelst
er torkelte
der **To**rnister
die **To**rte
die Torten
der **To**rwart
tot
total
der **To**te
die Toten
der **To**tempfahl
töten
du tötest
er tötete

totenstill
sich **to**tlachen
▷ lachen
er hat sich tot-
gelacht
das **To**to
die **To**ur
die Touren
der **To**urist
die Touristen
die **To**urnee
die Tournees
(die Tourneen)

Tr

der **Tr**ab
traben
du trabst
er trabte
die **Tr**acht
die Trachten
die **Tr**adition
die Traditionen
traditionell
die **Tr**agbahre
die Tragbahren
träge
tragen 12
du trägst
er trug
die **Tr**agetasche 12
die Tragetaschen
die **Tr**ägheit
tragisch
die **Tr**agödie
die Tragödien
der **Tr**ainer

trainieren
du trainierst
er trainierte
das **Tr**aining
der **Tr**ainingsanzug
die Trainingsanzüge
der **Tr**aktor 8
die Traktoren
trällern
du trällerst
er trällerte
die **Tr**am
die Trams
trampeln
du trampelst
er trampelte
trampen
du trampst
er trampte
der **Tr**amper
die **Tr**äne
die Tränen
tränen
es tränt
es tränte
die **Tr**änke
die Tränken
der **Tr**ansformator
(der Trafo)
die Transformatoren
(die Trafos)
der **Tr**ansistor
die Transistoren
das **Tr**ansparent
die Transparente
der **Tr**ansport
die Transporte
der **Tr**ansporter

transportieren
du transportierst
er transportierte
das **Tr**apez
die Trapeze
mit viel
Trara
der **Tr**atsch
tratschen
du tratschst
er tratschte
die **Tr**aube
die Trauben
sich **tr**auen 46
du traust dich
er traute sich
die **Tr**auer
trauern
du trauerst
er trauerte
der **Tr**aum
die Träume
das **Tr**auma
träumen 48
du träumst
er träumte
der **Tr**äumer
traurig 30
trauriger
am traurigsten
die **Tr**auung
der **Tr**ecker
treffen
du triffst
er traf
sie hat getroffen
das **Tr**effen
der **Tr**effer

der **Tr**effpunkt
treiben
du treibst
er trieb
das **Tr**eibhaus
die Treibhäuser
trennen
du trennst
er trennte
treppab
treppauf
die **Tr**eppe
die Treppen
der **Tr**esor
die Tresore
treten
du trittst
er trat
treu
treuer
am treu(e)sten
die **Tr**eue
treuherzig
treulos
der **Tr**iangel 36
die **Tr**ibüne
die Tribünen
der **Tr**ichter
der **Tr**ick
die Tricks
der **Tr**ickfilm
die Trickfilme
tricksen
du trickst
er trickste
der **Tr**ieb
die Triebe
triefnaß

triftig
das **Tr**ikot
die Trikots
trillern
du trillerst
er trillerte
die **Tr**illerpfeife
der **Tr**imm-dich-Pfad
sich **tr**immen
du trimmst dich
er trimmte sich
trinken
du trinkst
er trank
sie hat getrunken
das **Tr**inkgeld
die Trinkgelder
das **Tr**inkwasser
das **Tr**io
trippeln
du trippelst
der **Tr**itt
die Tritte
das **Tr**ittbrett
die Trittbretter
der **Tr**iumph
die Triumphe
trocken 58
die **Tr**ockenheit
trocknen
du trocknest
er trocknete
trödeln 62
du trödelst
er trödelte
der **Tr**ödler
der **Tr**og
die Tröge

die **Tr**ollblume
die Trollblumen
die **Tr**ommel
die Trommeln
das **Tr**ommelfell
trommeln
du trommelst
er trommelte
der **Tr**ommler
die **Tr**ompete 36
die Trompeten
der **Tr**ompeter
die **Tr**open
der **Tr**openhelm
das **Tr**öpfchen
tröpfeln 56
es tröpfelt
es tröpfelte
der **Tr**opfen 56
tropfen 56
es tropft
es tropfte
der **Tr**ost
trösten 30
du tröstest
er tröstete
trostlos
der **Tr**ostpreis
die Trostpreise
der **Tr**ott
du **Tr**ottel!
der **Tr**otz
trotzdem
trotzen
du trotzt
er trotzte
trotzig
der **Tr**otzkopf

trüb(e)
trüber
am trübsten
der **Tru**bel
die **Trü**bsal
trübselig
der **Trü**bsinn
die **Tru**he
die Truhen
die **Trü**mmer
der **Tru**mpf
die Trümpfe
das **Tru**mpfas
die **Tru**ppe
die Truppen
der **Tru**thahn
die Truthähne

Ts

tschüs!
das **T-S**hirt

die T-Shirts

Tu

die **Tu**be
die Tuben
die **Tu**berkulose
das **Tu**ch
die Tücher
tüchtig
die **Tü**chtigkeit
die **Tü**cke
die Tücken
tuckern
es tuckert
es tuckerte
tückisch
die **Tü**ftelei
der **Tü**ft(e)ler
tüft(e)lig
tüfteln
du tüftelst
er tüftelte
die **Tu**gend
die Tugenden
die **Tü**lle 36
die Tüllen
die **Tu**lpe
die Tulpen
sich **tu**mmeln
du tummelst dich
er tummelte sich
der **Tü**mpel
der **Tu**mult
die Tumulte
tun
du tust
er tat
sie hat getan
tunken
du tunkst
er tunkte
der **Tu**nnel
die Tunnel(s)
der **Tu**pfen
tupfen
du tupfst
er tupfte
die **Tü**r
die Türen
der **Tu**rban
die Turbane
die **Tu**rbine
die Turbinen
türkisfarben
die **Tü**rklinke
die Türklinken
der **Tu**rm
die Türme
turnen 44
du turnst
er turnte
das **Tu**rnen
der **Tu**rner
die **Tu**rnhalle
die Turnhallen
das **Tu**rnier
die Turniere
das **Tü**rschloß
die Türschlösser
die **Tu**sche
die Tuschen
die **Tu**schelei
tuscheln 64
du tuschelst
er tuschelte
der **Tu**schkasten
die Tuschkästen
die **Tü**te 12
die Tüten
tuten
es tutet
es tutete

Ty

der **Ty**p
der **Ty**phus
typisch
der **Ty**rann
die Tyrannen
tyrannisch

Uu *Uu*

Ub

die **U-B**ahn
übel
übler
am übelsten
das **Üb**el
übelnehmen
▷ nehmen
er hat übelge-
nommen
der **Üb**eltäter
üben 36
du übst
er übte
über
überall
der **Üb**erblick
der **Üb**erdruß
überdrüssig
übereinander
überfahren
▷ fahren
die **Üb**erfahrt
der **Üb**erfall
die Überfälle
überfallen
▷ fallen
überfliegen
▷ fliegen
der **Üb**erfluß
überflüssig
überfluten 56
er überflutet
er überflutete
du bist ja völlig
übergeschnappt!
überhaupt
überholen
du überholst
er überholte
überlegen
du überlegst
er überlegte
die **Üb**erlegung
übermorgen
der **Üb**ermut
übermütig
übernachten
du übernachtest
er übernachtete
die **Üb**ernachtung
überqueren
du überquerst
er überquerte
überraschen
du überraschst
er überraschte
die **Üb**erraschung
überreden
du überredest
er überredete
die **Üb**erschrift
die Überschriften
über-
schwemmen 56
du überschwemmst
er überschwemmte
die **Üb**erschwem-
mung
übersetzen 34
du übersetzt
er übersetzte
die **Üb**ersicht
übersichtlich
die **Üb**erstunde 6
die Überstunden
übertreiben
▷ treiben
er hat übertrieben
die **Üb**ertreibung
übertrieben
überwältigend
überzählig
überzeugen
du überzeugst
er überzeugte
die **Üb**erzeugung
üblich
das **U-B**oot
übrig
die **Üb**ung

Uf

das **Uf**er
uferlos
das **Uf**o
die Ufos

Uh

die **Uh**r
die Uhren
der **Uh**rmacher
der **Uh**rzeiger
der **Uh**u
die Uhus

Ul

der **Ul**k
die **Ul**kerei
ulkig
die **Ul**me
die Ulmen
das **Ul**timatum

Um

umarmen
du umarmst
er umarmte
die **Um**armung
umdrehen
▷ drehen
die **Um**drehung
umfallen
▷ fallen
der **Um**fang
die Umfänge
umfangreich
der **Um**gang
die **Um**gebung
umgekehrt
umgraben 38
▷ graben
der **Um**hang
die Umhänge
umher
die **Um**kehr
umkehren
du kehrst um
er kehrte um
umkippen 44
du kippst um
er kippte um
der **Um**laut
die Umlaute
die **Um**leitung
der **Um**riß
die Umrisse
umschalten 16
▷ schalten
der **Um**schlag
die Umschläge
umsonst
unter
Umständen
umständlich
umsteigen
▷ steigen
der **Um**tausch
umtauschen
▷ tauschen
der **Um**weg
die Umwege
die **Um**welt
die **Um**weltver-
schmutzung
umziehen
▷ ziehen
der **Um**zug
die Umzüge

Un

unachtsam
unangenehm
unappetitlich
unartig
unaufhörlich
unaufmerksam
die **Un**aufmerksam-
keit
unausstehlich
unbändig
unbedingt 12
unbekannt
unbekümmert
unbequem 14
unbescheiden
und
undankbar
undurchsichtig
unecht
unehrlich
uneinig
unendlich
unentschieden
unfähig
unfair
der **Un**fall 50
die Unfälle
der **Un**fug
die **Un**geduld
ungeduldig
ungefähr
das **Un**geheuer
ungehorsam
ungemütlich
ungenügend
ungerade
ungeraten
ungerecht
das **Un**getüm
die Ungetüme
ungewiß
die **Un**gewißheit
das **Un**geziefer
ungezogen
unglaublich
das **Un**glück

unglücklich
ungültig
das **Un**heil
unheilbar
unheimlich
die **Uni**form
die Uniformen
die **Uni**versität
die Universitäten
das **Un**kraut
die Unkräuter
unmöglich
unpassend 26
das **Un**recht
die **Un**ruhe
unruhig
uns
unschuldig
unser Lehrer
unsere Schule
der **Un**sinn
unsinnig
unten 56
unter
unterbrechen
▷ brechen
er hat unterbrochen
die **Un**terbrechung
untereinander 64
die **Un**terführung
der **Un**tergang
untergehen
▷ gehen
er ist unterge-
gangen
sich **un**terhalten
du unterhältst dich
er unterhielt sich
die **Un**terhaltung
die **Un**terkunft
die Unterkünfte
der **Un**terricht
unterrichten
du unterrichtest
er unterrichtete
unterscheiden
du unterscheidest
er unterschied
der **Un**terschied
die Unterschiede
unterschreiben
▷ schreiben
er hat unter-
schrieben
die **Un**terschrift
die Unterschriften
unterstützen
▷ stützen
er hat unterstützt
die **Un**terstützung
untersuchen
du untersuchst
er untersuchte
die **Un**tersuchung
die **Un**tertasse
die Untertassen
unterwegs 50
unüberlegt
unverhofft
unvernünftig
unverschuldet
unverständlich 34
unverzeihlich
unvollständig
unvorsichtig
das **Un**wetter 58
unwissend
unwohl 58
unzählig
unzertrennlich
unzufrieden
unzuverlässig

Up

üppig

Ur

uralt
das **Ur**an
urgemütlich
die **Ur**geschichte
die **Ur**großeltern
die **Ur**großmutter
der **Ur**großvater
der **Ur**in
die **Ur**kunde
die Urkunden
der **Ur**laub 48
die Urlaube
die **Ur**ne
die Urnen
die **Ur**sache
die Ursachen
der **Ur**sprung
ursprünglich
das **Ur**teil
die Urteile
urteilen
du urteilst
er urteilte
der **Ur**wald
die Urwälder

Vv *Vv*

Va

die **Va**gina
das **Va**kuum
der **Va**mpir
die Vampire
die **Va**nille
das **Va**nilleeis
die **Va**se
die Vasen
der **Va**ter 52
die Väter
das **Va**terland
väterlich
das **Va**terunser

Ve

der **Ve**getarier
die **Ve**getation
das **Ve**hikel
das **Ve**ilchen
die **Ve**ne
die Venen
das **Ve**ntil
die Ventile
der **Ve**ntilator
die Ventilatoren
sich **ve**rabreden
du verabredest dich
er verabredete sich
die **Ve**rabredung
sich **ve**rabschieden
du verabschiedest dich
er verabschiedete sich
verachten
du verachtest
er verachtete
verächtlich
die **Ve**rachtung
die **Ve**randa
die Veranden
veränderlich
verändern
du veränderst
er veränderte
die **Ve**ränderung
die **Ve**ranlagung
veranstalten
du veranstaltest
er veranstaltete
die **Ve**ranstaltung
verantwortlich
die **Ve**rantwortung
verärgert
das **Ve**rb
die Verben
der **Ve**rband 30
die Verbände
das **Ve**rbandszeug
verbergen
du verbirgst
er verbarg
sie hat verborgen
verbessern
du verbesserst
er verbesserte
die **Ve**rbesserung
sich **ve**rbeugen
du verbeugst dich
er verbeugte sich
die **Ve**rbeugung
verbieten 64
du verbietest
er verbot
verbinden 30, 40
▷ binden
die **Ve**rbindung 40
das **Ve**rbot
die Verbote
das **Ve**rbotsschild
der **Ve**rbrauch
verbrauchen
▷ brauchen
der **Ve**rbraucher
das **Ve**rbrechen
der **Ve**rbrecher
verbreiten
du verbreitest
er verbreitete
die **Ve**rbreitung
verbrennen 24
▷ brennen
die **Ve**rbrennung
der **Ve**rdacht
verdächtig
verdächtigen
du verdächtigst
er verdächtigte
verdanken
▷ danken
verdauen
du verdaust
er verdaute
die **Ve**rdauung
das **Ve**rdeck

verderben
du verdirbst
er verdarb
sie hat verdorben
verdienen
▷ dienen
der **Ve**rdienst
verdorben
verdutzt
verehren
du verehrst
er verehrte
der **Ve**rehrer
der **Ve**rein
die Vereine
das **Ve**rfahren
die **Ve**rfassung
verflixt 6
verfolgen
▷ folgen
die **Ve**rfolgung
die **Ve**rgangenheit
vergeben
▷ geben
vergeblich
die **Ve**rgebung
vergessen 12
du vergißt
er vergaß
vergeßlich
vergiftet 14
die **Ve**rgiftung
das **Ve**rgißmeinnicht
der **Ve**rgleich
die Vergleiche
vergleichen 12
du vergleichst
er verglich

sich **ve**rgnügen
du vergnügst dich
er vergnügte sich
viel **Ve**rgnügen!
vergnügt
vergrößern
du vergrößerst
er vergrößerte
die **Ve**rgrößerung
verhaftet
die **Ve**rhaftung
verhandeln
▷ handeln
die **Ve**rhandlung
verheerend
verheimlichen
du verheimlichst
er verheimlichte
verheiratet
verhöhnen
du verhöhnst
er verhöhnte
verhungern
du verhungerst
er verhungerte
verhüten
du verhütest
er verhütete
sich **ve**rirren
du verirrst dich
er verirrte sich
der **Ve**rkauf
verkaufen
▷ kaufen
der **Ve**rkäufer
die **Ve**rkäuferin
die Verkäuferinnen
der **Ve**rkehr 50

verkehren
du verkehrst
er verkehrte
die **Ve**rkehrsampel
die Verkehrsampeln
die **Ve**rkehrsregel
die Verkehrsregeln
verkehrswidrig
das **Ve**rkehrs-zeichen 50
verkehrt
sich **ve**rkleiden 46
du verkleidest dich
er verkleidete sich
verkleidet 46
die **Ve**rkleidung
der **Ve**rlag
verlassen
▷ lassen
verlegen
die **Ve**rlegenheit
verleihen
▷ leihen
verlernen
▷ lernen
sich **ve**rletzen
du verletzt dich
er verletzte sich
der **Ve**rletzte
die Verletzten
die **Ve**rletzung
verlieren 64
du verlierst
er verlor
der **Ve**rlierer 64
das **Ve**rlies
die Verliese
die **Ve**rlosung

der	**Ver**lust
die	Verluste
	vermehren
du	vermehrst
er	vermehrte
	vermieten 60
	▷ mieten
	vermissen
du	vermißt
er	vermißte
	vermißt
das	**Ver**mögen
	vermuten
du	vermutest
er	vermutete
	vermutlich
die	**Ver**mutung
	vernichten
du	vernichtest
er	vernichtete
	vernichtend
die	**Ver**nunft
	vernünftig
die	**Ver**packung
die	**Ver**pflegung
	verplempern
du	verplemperst
er	verplemperte
	verqualmt 14
der	**Ver**rat
	verraten
	▷ raten
der	**Ver**räter
sich	**ver**rechnen
	▷ rechnen
	verreisen
	▷ reisen
	verrückt
der	**Ver**rückte
	verrühren 32
	▷ rühren
der	**Ver**s
die	Verse
sich	**ver**sammeln
	▷ sammeln
die	**Ver**sammlung
	versäumen
du	versäumst
er	versäumte
	verschenken
	▷ schenken
	verschieden 34
	verschlafen
	▷ schlafen
	verschließen
	▷ schließen
	verschlossen
	verschlucken
	▷ schlucken
der	**Ver**schluß
die	Verschlüsse
	verschmutzt 56
	verschnupft
	verschwenden
du	verschwendest
er	verschwendete
	verschwen-derisch
die	**Ver**schwendung
	verschwinden
du	verschwindest
er	verschwand
er	ist verschwunden
das	**Ver**sehen
	versehentlich
die	**Ver**setzung
	versichern
du	versicherst
er	versicherte
die	**Ver**sicherung
sich	**ver**söhnen
du	versöhnst dich
er	versöhnte sich
die	**Ver**söhnung
	versorgen
	▷ sorgen
die	**Ver**sorgung
sich	**ver**späten
du	verspätest dich
er	verspätete sich
die	**Ver**spätung
	versprechen
	▷ sprechen
das	**Ver**sprechen
der	**Ver**stand
	verständig
sich	**ver**ständigen 34
du	verständigst dich
er	verständigte sich
	verständlich
das	**Ver**ständnis
	verstaucht
	verstauen 12
du	verstaust
er	verstaute
das	**Ver**steck
die	Verstecke
	verstecken
	▷ stecken
	verstehen 34
	▷ stehen
die	**Ver**steigerung
die	**Ver**stopfung
	verstört

der **Ve**rsuch
die Versuche
versuchen
▷ suchen
die **Ve**rsuchung
verteidigen
du verteidigst
er verteidigte
der **Ve**rteidiger
die **Ve**rteidigung
verteilen 18
▷ teilen
der **Ve**rtrag
die Verträge
sich **ve**rtragen 64
▷ tragen
vertrauen
▷ trauen
das **Ve**rtrauen
vertraut
der **Ve**rtriebene
die Vertriebenen
vertreten
▷ treten
der **Ve**rtreter
vertuschen
du vertuschst
er vertuschte
verunglücken
er verunglückt
sie verunglückte
sie sind verunglückt
der **Ve**runglückte
die Verunglückten
verwalten
du verwaltest
er verwaltete
die **Ve**rwaltung

verwandt 52
die **Ve**rwandten
die **Ve**rwandt-schaft 52
verwechseln
du verwechselst
er verwechselte
die **Ve**rwechslung
verwelkt
verwenden
du verwendest
er verwandte
(er verwendete)
die **Ve**rwendung
verwöhnen
du verwöhnst
er verwöhnte
verwundet
die **Ve**rwundung
das **Ve**rzeichnis
die Verzeichnisse
verzeihen
du verzeihst
er verzieh
sie hat verziehen
Verzeihung!
der **Ve**rzicht
verzichten
du verzichtest
er verzichtete
verzweifeln
du verzweifelst
er verzweifelte
verzweifelt
die **Ve**rzweiflung
verzwickt
der **Ve**tter 52
die Vettern

Vi

der **Vi**deorecorder
das **Vi**eh 8
viel
mehr
am meisten
viele Leute
vielerlei
vielfach
vielleicht
vielmals
vier
das **Vi**ereck
die Vierecke
viereckig
viermal
das **Vi**ertel
das **Vi**erteljahr
die **Vi**ertelstunde
vierzehn
vierzig
die **Vi**lla
die Villen
violett
die **Vi**oline
die Violinen
das **Vi**tamin
die Vitamine
die **Vi**trine
die Vitrinen

Vo

der **Vo**gel
die Vögel
der **Vo**gelkäfig
die Vogelkäfige

das **Vo**gelnest
die Vogelnester
die **Vo**gelscheuche
die Vogelscheuchen
der **Vo**kal
die Vokale
das **Vo**lk
die Völker
das **Vo**lkslied
die Volkslieder
die **Vo**lksschule
die Volksschulen
voll
vollenden
du vollendest
er vollendete
völlig
vollkommen
die **Vo**llmilch
der **Vo**llmond
vollständig
vollzählig
voltigieren
du voltigierst
er voltigierte
von
voneinander
vor
voran
voraus
voraussichtlich
vorbei
vorbeigehen 34
▷ gehen
vorbereiten 18
du bereitest vor
er bereitete vor
er hat vorbereitet

die **Vo**rbereitung
das **Vo**rbild
die Vorbilder
vorbildlich
sich **vo**rdrängen
du drängst dich vor
er drängte sich vor
voreilig
voreinander
die **Vo**rfahrt
vorführen
▷ führen
die **Vo**rführung
vorgestern
vorhaben
▷ haben
der **Vo**rhang 18
die Vorhänge
vorher
vorhin
voriges Jahr
das **Vo**rkommen
vorläufig
vorlesen
▷ lesen
die **Vo**rliebe
der **Vo**rmittag
die Vormittage
vormittags
vorn
der **Vo**rname
die Vornamen
vornehm
der **Vo**rort
die Vororte
der **Vo**rrat
die Vorräte
vorrätig

der **Vo**rsatz
die Vorsätze
der **Vo**rschlag
die Vorschläge
vorschlagen 64
▷ schlagen
die **Vo**rschrift
die Vorschriften
die **Vo**rsicht
vorsichtig 50
vorspielen 46
▷ spielen
sich **vo**rstellen
▷ stellen
die **Vo**rstellung
der **Vo**rteil
die Vorteile
vorteilhaft
der **Vo**rtrag
die Vorträge
vortrefflich
vorüber
vorübergehend
der **Vo**rwand
die Vorwände
vorwärts
vorwitzig
der **Vo**rwurf
die Vorwürfe
vorwurfsvoll
vorziehen
▷ ziehen
vorzüglich

Vu

der **Vu**lkan
die Vulkane

Ww *Ww*

Wa

die **Wa**age
die Waagen
waagerecht
die **Wa**agschale
die Waagschalen
die **Wa**be
die Waben
wach
die **Wa**che
die Wachen
wachen
du wachst
er wachte
der **Wa**cholder
das **Wa**chs
wachsen 38
du wächst
er wuchs
die **Wa**chs-malkreide 42
die Wachsmal-kreiden
das **Wa**chstuch
die **Wa**chtel
die Wachteln
der **Wä**chter
wack(e)lig
wackeln
du wackelst
er wackelte

die **Wa**de
die Waden
die **Wa**ffe
die Waffen
die **Wa**ffel
die Waffeln
wagemutig
wagen
du wagst
er wagte
der **Wa**gen
der **Wa**ggon
die Waggons
waghalsig
die **Wa**hl
die Wahlen
wählen
du wählst
er wählte
der **Wä**hler
wählerisch
der **Wa**hnsinn
wahnsinnig
wahr
während
wahrhaftig
die **Wa**hrheit
wahrheits-gemäß
der **Wa**hrsager
wahrscheinlich
die **Wä**hrung
die **Wa**ise
die Waisen
der **Wa**l
die Wale
der **Wa**ld 54
die Wälder

der **Wa**ldbrand 20
die Waldbrände
der **Wa**ldmeister
der **Wa**ldweg 54
der **Wa**ll
die Wälle
die **Wa**llfahrt
die Wallfahrten
die **Wa**lnuß
die Walnüsse
die **Wa**lze
die Walzen
sich **wä**lzen
du wälzt dich
er wälzte sich
der **Wa**lzer
die **Wa**nd 10
die Wände
der **Wa**nderer
wandern
du wanderst
er wanderte
die **Wa**nderschaft
die **Wa**nderung
die **Wa**ndtafel
die Wandtafeln
die **Wa**nduhr 62
die Wanduhren
die **Wa**nge
die Wangen
wann?
die **Wa**nne
die Wannen
die **Wa**nze
die Wanzen
das **Wa**ppen
die **Wa**re
die Waren

das **Wa**renhaus
die Warenhäuser
warm 28
wärmer
am wärmsten
die **Wä**rme
wärmen 20
es wärmt
es wärmte
warmherzig
warnen
du warnst
er warnte
die **Wa**rnung
warten 62
du wartest
er wartete
der **Wä**rter
der **Wa**rtesaal
die Wartesäle
das **Wa**rtezimmer
warum?
die **Wa**rze
die Warzen
was?
das **Wa**schbecken
das **Wa**schbrett 14
die **Wä**sche
die **Wä**scheklammer
waschen
du wäschst
er wusch
sie hat gewaschen
die **Wä**scherei
die **Wa**schlappen
die **Wa**sch-
maschine 14
das **Wa**schpulver 12

der **Wa**schzuber 14
das **Wa**sser 56
der **Wa**sserball 48
die Wasserbälle
das **Wa**sser-
becken 44
wasserdicht
der **Wa**sserfall
die Wasserfälle
die **Wa**sserfarben 42
das **Wa**sserglas 30
die Wassergläser
der **Wa**sserhahn 56
die Wasserhähne
die **Wa**sserleitung
wässern 48
du wässerst
er wässerte
wasserscheu
die **Wa**sserwaage
wäßrig 56
waten
du watest
er watete
watscheln
sie watschelt
sie watschelte
das **Wa**tt
die **Wa**tte

We

weben
du webst
er webte
der **We**brahmen
der **We**chsel
das **We**chselgeld

wechseln
du wechselst
er wechselte
wechselnd
wecken
du weckst
er weckte
der **We**cker 62
wedeln
du wedelst
er wedelte
weder
weg
der **We**g
die Wege
wegen
der **We**gerich
die Wegeriche
wegfliegen 24
▷ fliegen
weglaufen 24
▷ laufen
der **We**gweiser
weh tun 30
▷ tun
wehe! 16
die **We**hen
wehen
er weht
er wehte
wehleidig
wehmütig
sich **we**hren
du wehrst dich
er wehrte sich
wehrlos
das **We**ib
die Weiber

	weiblich
	weich 24
	weicher
am	weichsten
die	**We**iche
die	Weichen
	weichen
du	weichst
er	wich
	weichgekocht
	weichlich
die	**We**ide
die	Weiden
sich	**we**igern
du	weigerst dich
er	weigerte sich
der	**We**iher
die	**We**ihnacht
das	**We**ihnachten
	weihnachtlich
das	**We**ihnachtsfest
	weil
der	**We**in
die	Weine
	weinen 30
du	weinst
er	weinte
die	**We**intraube
die	Weintrauben
	weise
die	**We**ise
die	Weisen
die	**We**isheit
	weiß
das	**We**ißbrot
	weit 40
	weiter
am	weitesten
die	**We**ite
die	Weiten
von	**we**item
	weiter
	ohne
	weiteres
	weitläufig
	weitschweifig
	weitverbreitet
der	**We**izen
	welch Wunder!
	welche Freunde?
	welcher Junge?
	welches Kind?
	welk
	welken
sie	welkt
sie	welkte
die	**We**lle
die	Wellen
der	**We**llensittich 24
die	Wellensittiche
die	**We**llpappe
die	**We**lt
die	Welten
das	**We**ltall
der	**We**ltmeister
der	**We**ltraumflug
die	**We**ndeltreppe
sich	**we**nden
du	wendest dich
er	wandte sich
sie	hat sich gewandt
	wendig
die	**We**ndung
	wenig
	weniger
am	wenigsten
	wenigstens
	wenn
	wer?
	werben
du	wirbst
er	warb
sie	hat geworben
die	**We**rbung
	werden
du	wirst
er	wird
er	wurde
sie	ist geworden
	werfen
du	wirfst
er	warf
sie	hat geworfen
die	**We**rft
die	Werften
das	**We**rk
die	Werke
das	**We**rken
die	**We**rkstatt
die	Werkstätten
der	**We**rktag
die	Werktage
das	**We**rkzeug
die	Werkzeuge
	wert
der	**We**rt
die	Werte
	wertlos
	wertvoll
	wesentlich
	weshalb
die	**We**spe
die	Wespen
das	**We**spennest

der **We**spenstich
wessen
die **We**ste
die Westen
der **We**sten
der **We**stern
westlich
der **We**stwind
die Westwinde
weswegen
der **We**ttbewerb
die Wettbewerbe
die **We**tte
die Wetten
wetten
du wettest
er wettete
das **We**tter 58
der **We**tterbericht
der **We**ttermacher 58
die **We**tter-vorhersage
der **We**ttkampf
die Wettkämpfe
der **We**ttlauf
die Wettläufe
wetzen
du wetzt
er wetzte
der **We**tzstein

Wi

der **Wi**cht
die Wichte
wichtig
wichtiger
am wichtigsten
du **Wi**chtigtuer!
wichtigtuerisch
die **Wi**cke
die Wicken
wickeln
du wickelst
er wickelte
wider alles Erwarten
widerborstig 8
der **Wi**derhaken
der **Wi**derhall
widerlegen
▷ legen
widerlich
die **Wi**derrede
widerrufen
▷ rufen
widerspenstig
widersprechen
▷ sprechen
der **Wi**derspruch
die Widersprüche
widersprüchlich
der **Wi**derstand
die Widerstände
widerwärtig
widerwillig
widmen
du widmest
er widmete
die **Wi**dmung
wie
wieder
wiederholen
▷ holen
die **Wie**derholung
auf **Wie**dersehen!
die **Wie**ge
die Wiegen
wiegen
du wiegst
er wog
sie hat gewogen
wiehern
es wiehert
die **Wie**se
die Wiesen
das **Wie**sel
wieso?
wieviel?
der **Wi**gwam
die Wigwams
wild
wilder
am wildesten
das **Wi**ld
der **Wi**lderer
die **Wi**ldnis
das **Wi**ldschwein
die Wildschweine
der **Wi**lle
willig
willkommen
willkürlich
wimmeln
es wimmelt
es wimmelte
wimmern
du wimmerst
er wimmerte
der **Wi**mpel
die **Wi**mper
die Wimpern
der **Wi**nd
die Winde

die **Wi**ndel
die Windeln
winden
du windest
er wand
sie hat gewunden
windig 58
die **Wi**ndjacke
die Windjacken
die **Wi**ndmühle
die Windmühlen
windschief
die **Wi**ndstärke
das **Wi**ndsurfing
der **Wi**nkel
wink(e)lig
winken
du winkst
er winkte
sie hat gewunken
winseln
er winselt
er winselte
der **Wi**nter
winterlich
der **Wi**nterschlaf 54
der **Wi**nterschlußver-
kauf
der **Wi**ntersport
der **Wi**nzer
winzig 28
der **Wi**pfel
die **Wi**ppe
die Wippen
wippen
du wippst
er wippte
wir

der **Wi**rbel
wirbeln
du wirbelst
er wirbelte
die **Wi**rbelsäule
wirken
du wirkst
er wirkte
wirklich
die **Wi**rklichkeit
wirksam
die **Wi**rkung
wirr
der **Wi**rrwarr
der **Wi**rsing
der **Wi**rt
die Wirte
die **Wi**rtin
die Wirtinnen
die **Wi**rtschaft
die Wirtschaften
das **Wi**rtshaus
die Wirtshäuser
wischen
du wischst
er wischte
wißbegierig
wissen 42
ich weiß
du weißt
ihr wißt
er wußte
sie hat gewußt
das **Wi**ssen
die **Wi**ssenschaft
wittern
du witterst
er witterte

die **Wi**tterung
die **Wi**twe
die Witwen
der **Wi**twer
der **Wi**tz
die Witze
der **Wi**tzbold
die Witzbolde
witzig

Wo

wo?
wobei
die **Wo**che
die Wochen
wochenlang
wochentags
wöchentlich
wodurch
wofür
die **Wo**ge
die Wogen
wogegen
woher?
wohin?
wohl 60
wohler
am wohlsten
leb **wo**hl!
wohl oder übel
das **Wo**hl
zum **Wo**hl!
wohlhabend
wohlig
der **Wo**hlstand
die **Wo**hltat
die Wohltaten

wohltätig
wohnen 60
du wohnst
er wohnte
die **Wo**hnhöhle 60
wohnlich 60
die **Wo**hnung 60
der **Wo**hnwagen
der **Wo**lf
die Wölfe
die **Wo**lke 58
die Wolken
der **Wo**lkenbruch 58
der **Wo**lkenkratzer
wolkenlos
wolkig
die **Wo**lldecke 60
die Wolldecken
die **Wo**lle
wollen
du willst
ihr wollt
er wollte
wollig
das **Wo**llknäuel
der **Wo**llstoff
die Wollstoffe
womit
womöglich
wonach
woran
worauf
woraus
worin
das **Wo**rt 34
die Worte
(die Wörter)
wortbrüchig

das **Wö**rterbuch
die Wörterbücher
wörtlich
worüber
worum
worunter
wovon
wovor
wozu

Wr

das **Wr**ack
die Wracks

Wu

der **Wu**cher
wuchern
es wuchert
es wucherte
der **Wu**chs
die **Wu**cht
wuchtig
wühlen
du wühlst
er wühlte
die **Wü**hlmaus
die Wühlmäuse
wund
die **Wu**nde
die Wunden
das **Wu**nder
wunderbar
sich **wu**ndern
du wunderst dich
er wunderte sich
wunderschön

wundervoll
der **Wu**nsch
die Wünsche
wünschen
du wünschst
er wünschte
die **Wü**rde
würdig
der **Wu**rf
die Würfe
der **Wü**rfel
würfeln
du würfelst
er würfelte
der **Wü**rfelzucker
der **Wu**rm
die Würmer
wurmig
wurmstichig
das **wu**rmt mich!
die **Wu**rst
die Würste
das **Wü**rstchen
die **Wu**rzel 38
die Wurzeln
würzen
du würzt
er würzte
würzig
wuschelig
der **Wu**schelkopf
wüst
die **Wü**ste
die Wüsten
die **Wu**t
der **Wu**tanfall
wütend
wutentbrannt

X

die **X**-Beine
x-beliebig
x-mal
das **X**ylophon
die Xylophone

Y

die **Y**acht
die Yachten
das **Y**ak
die Yaks
das **Y**oga (der)
das **Y**psilon

Zz *Zz*

Za

zack, zack!
die **Za**cke
die Zacken
zaghaft
zaghafter
am zaghaftesten
zäh
zäher
am zäh(e)sten
die **Zä**higkeit
die **Za**hl
die Zahlen
zahlen
du zahlst
er zahlte
zählen
du zählst
er zählte
der **Zä**hler
zahllos
zahlreich
die **Za**hlung
zahm 24
zahmer
am zahmsten
zähmen
du zähmst
er zähmte
der **Za**hn
die Zähne
der **Za**hnarzt
die Zahnärzte
die **Za**hnärztin
die Zahnärztinnen
die **Za**hncreme
das **Za**hnrad
die Zahnräder
die **Za**hnradbahn
die **Za**hnschmerzen
die **Za**nge
die Zangen
der **Za**nk
sich **za**nken
du zankst dich
er zankte sich
zänkisch
das **Zä**pfchen
der **Za**pfen
die **Za**pfsäule
die Zapfsäulen
zapp(e)lig
zappeln
du zappelst
er zappelte
zart
zarter
am zartesten
zärtlich 64
die **Zä**rtlichkeit
der **Za**uber
die **Za**uberei
der **Za**uberer
zaubern 18
du zauberst
er zauberte
der **Za**uberstab 18
der **Za**ubertrick 18
der **Za**un
die Zäune
der **Za**unkönig
die Zaunkönige

Ze

das **Ze**bra
die Zebras
der **Ze**brastreifen 50
die **Ze**he 28
(der Zeh)
die Zehen
zehn
zehnmal
ein **Ze**hntel
das **Ze**ichen
der **Ze**ichenblock

der **Ze**ichentrickfilm
zeichnen
du zeichnest
er zeichnete
die **Ze**ichnung
der **Ze**igefinger
zeigen
du zeigst
er zeigte
der **Ze**iger
die **Ze**ile
die Zeilen
der **Ze**isig
die Zeisige
die **Ze**it 62
die Zeiten
zeitig
eine **Ze**itlang
die **Ze**itlupe
die **Ze**itschrift
die Zeitschriften
die **Ze**itung
die **Ze**lle
die Zellen
das **Ze**lt 60
die Zelte
zelten
du zeltest
er zeltete
der **Ze**ltplatz
die Zeltplätze
der **Ze**ment
die **Ze**nsur
die Zensuren
der **Ze**ntimeter (cm)
zentral
die **Ze**ntrale
die Zentralen

die **Ze**ntralheizung
das **Ze**ntrum
die Zentren
der **Ze**ppelin 22
die Zeppeline
das **Ze**pter
zerbrechen
▹ brechen
zerbrechlich
zerkleinern
du zerkleinerst
er zerkleinerte
zerknirscht
zerreißen
▹ reißen
zerren
du zerrst
er zerrte
die **Ze**rrung
zerstören
du zerstörst
er zerstörte
die **Ze**rstörung
zerstreuen
▹ streuen
der **Ze**ttel
das **Ze**ug
der **Ze**uge
die Zeugen
das **Ze**ugnis
die Zeugnisse

Zi

die **Zi**cke
die Zicken
zickig
im **Zi**ckzack

die **Zi**ege
die Ziegen
der **Zi**egel
die **Zi**egelei
der **Zi**egelstein
die Ziegelsteine
der **Zi**egenbock
die Ziegenböcke
ziehen
du ziehst
er zog
die **Zi**ehharmonika
das **Zi**el
die Ziele
zielen
du zielst
er zielte
ziellos
zielstrebig
ziemlich
sich **zi**eren
du zierst dich
er zierte sich
zierlich
zierlicher
am zierlichsten
die **Zi**ffer
die Ziffern
das **Zi**fferblatt
die Zifferblätter
die **Zi**garette
die Zigaretten
die **Zi**garre
die Zigarren
der **Zi**geuner
die **Zi**kade
die Zikaden
das **Zi**mmer

der **Zi**mmermann
die Zimmerleute
zimperlich
der **Zi**mt
das **Zi**nk
das **Zi**nn
die **Zi**nne
die Zinnen
der **Zi**ns
die Zinsen
der **Zi**pfel
die **Zi**pfelmütze
der **Zi**rkel
der **Zi**rkus
die Zirkusse
das **Zi**rkuszelt
zirpen
sie zirpt
sie zirpte
zischeln
sie zischelt
sie zischelte
zischen
es zischt
es zischte
das **Zi**tat
die Zitate
zitieren
du zitierst
er zitierte
die **Zi**trone
die Zitronen
der **Zi**tronensaft
zitt(e)rig
zittern
du zitterst
er zitterte
die **Zi**tterpappel

Zo

zögern
du zögerst
er zögerte
der **Zö**gling
der **Zo**ll
die Zölle
zollfrei
der **Zö**llner
der **Zo**llstock
die Zollstöcke
die **Zo**ne
die Zonen
der **Zo**o
die Zoos
die **Zo**ohandlung
die **Zo**ologie
der **Zo**pf
die Zöpfe
der **Zo**rn
zornig
zott(e)lig

Zu

zu
das **Zu**behör
die **Zu**cht
züchten
du züchtest
er züchtete
zucken 58
du zuckst
er zuckte
zücken
du zückst
er zückte
der **Zu**cker
die **Zu**ckerrübe
zuckersüß
die **Zu**ckerwatte
sich **zu**decken
▷ decken
zueinander
zuerst
der **Zu**fall
die Zufälle
zufällig
die **Zu**flucht
zufrieden 6
die **Zu**friedenheit
der **Zu**g
die Züge
der **Zu**gang
die Zugänge
zugänglich
der **Zü**gel
zugleich
der **Zu**gvogel
die Zugvögel
das **Zu**hause
zuhören
▷ hören
er hat zugehört
der **Zu**hörer
zukleben 40
▷ kleben
er hat zugeklebt
die **Zu**kunft
zukünftig
zuletzt
zumeist
zumutbar
die **Zu**mutung
zunächst

zünden
du zündest
er zündete
das **Zü**ndholz
die Zündhölzer
die **Zü**ndkerze
die Zündkerzen
die **Zü**ndung
zunehmen
▷ nehmen
er hat zugenommen
zünftig
die **Zu**nge
die Zungen
zupfen 36
du zupfst
er zupfte
zürnen
du zürnst
er zürnte
zurück
sich **zu**rückziehen 60
▷ ziehen
zusammen
die **Zu**sammenarbeit
zusammen-
fügen 10
du fügst zusammen
er fügte zusammen
er hat zusammen-
gefügt
der **Zu**sammenstoß
die Zusammenstöße
zuschauen 46
▷ schauen
der **Zu**schauer 46
zusehen
▷ sehen
der **Zu**stand
die Zustände
zuständig
die **Zu**taten 32
sich **zu**trauen
▷ trauen
zutraulich 24
zuverlässig
zuviel
zuvor
zuweilen
zuwenig
zuziehen 26
▷ ziehen

Zw

der **Zw**ang
die Zwänge
zwanglos
zwanzig
zwanzigmal
zwar
der **Zw**eck
die Zwecke
zwecklos
zweckmäßig
zwei
zweifach
der **Zw**eifel
zweifellos
zweifeln
du zweifelst
er zweifelte
der **Zw**eig 54
die Zweige
zweimal
zweitens
der **Zw**erg
die Zwerge
die **Zw**etsch(g)e
die Zwetsch(g)en
zwicken
du zwickst
er zwickte
die **Zw**ickmühle
der **Zw**ieback
die Zwiebäcke
die **Zw**iebel
die Zwiebeln
der **Zw**illing
die Zwillinge
zwingen
du zwingst
er zwang
sie hat gezwungen
zwinkern
du zwinkerst
er zwinkerte
der **Zw**irn
zwischen
der **Zw**ischenfall
die Zwischenfälle
zwitschern
er zwitschert
er zwitscherte
zwölf
zwölfmal
zwölftens

Zy

der **Zy**linder 46
zynisch
die **Zy**presse
die Zypressen

Teekessel-Auflösung

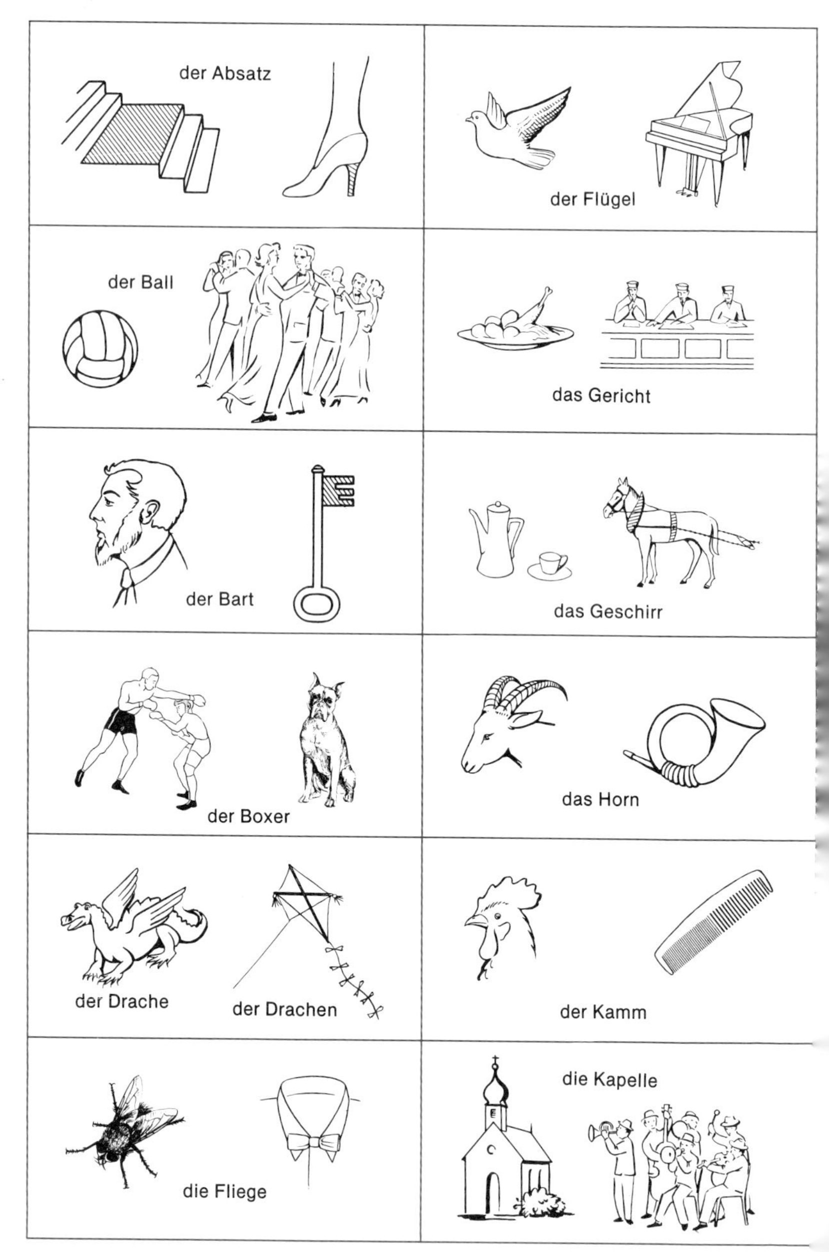

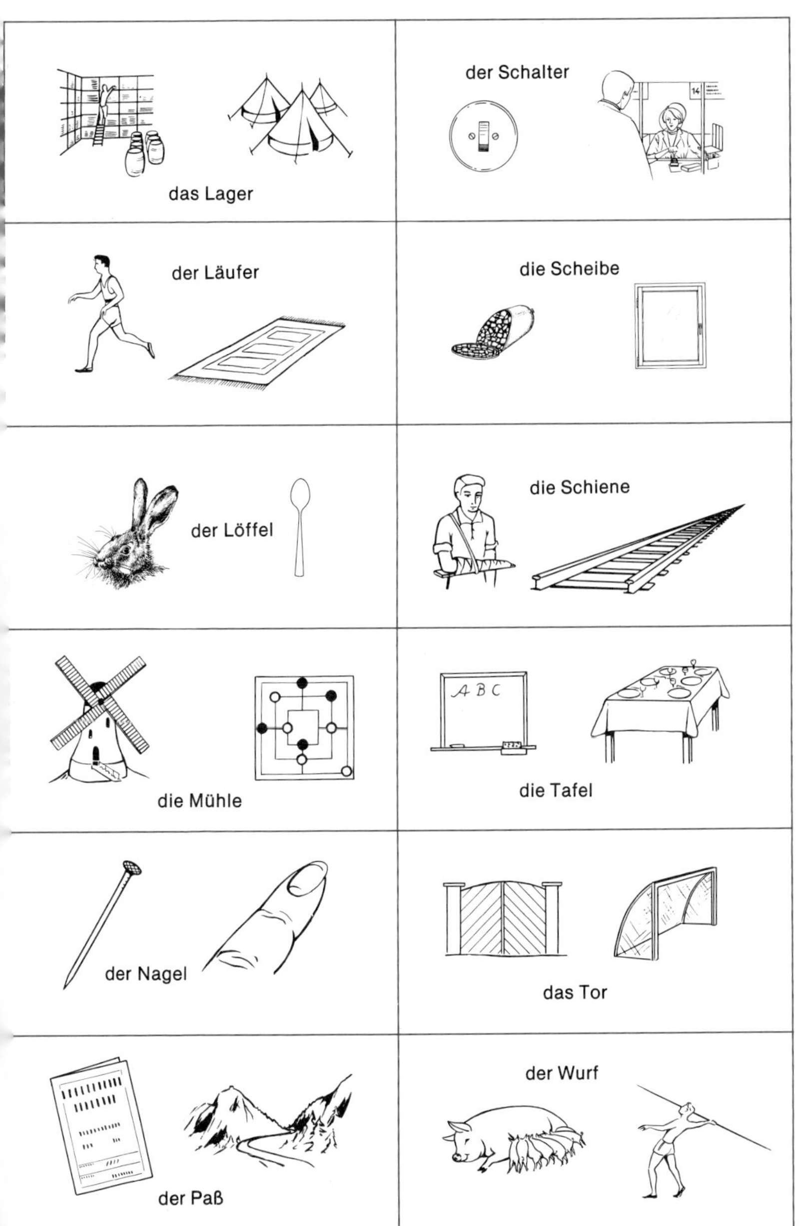
das Lager
der Schalter
14
der Läufer
die Scheibe
der Löffel
die Schiene
A B C
die Mühle
die Tafel
der Nagel
das Tor
der Paß
der Wurf

Verflixt schwierige Wörter,
die ich richtig schreiben kann:
